庭院
解决大师

树木卷

[日] 船越亮二 / 著　尚游 / 译

长江出版传媒　湖北科学技术出版社

图书在版编目（CIP）数据

庭院问题解决大师．树木卷 /（日）船越亮二著；尚游译．—武汉：湖北科学技术出版社，2024.1
ISBN 978-7-5706-2631-1

Ⅰ．①庭…　Ⅱ．①船…　②尚…　Ⅲ．①观赏园艺
Ⅳ．① S68

中国国家版本馆 CIP 数据核字（2023）第 118862 号

摄　　影：弘兼奈津子
协作拍摄：船越亮二　佐伯公太郎　福冈将之
　　　　　泽泉美智子　Arsphoto 企划
插　　图：岩下纱季子　高桥设计事务所
　　　　　Kawakitafumiko　群境介

庭院问题解决大师 · 树木卷
TINGYUAN WENTI JIEJUE DASHI SHUMU JUAN

责任编辑：张丽婷
责任校对：王　璐
封面设计：曾雅明
出版发行：湖北科学技术出版社
地　　址：武汉市雄楚大街 268 号
　　　　　（湖北出版文化城 B 座 13—14 层）
电　　话：027-87679468
邮　　编：430070
印　　刷：湖北新华印务有限公司
邮　　编：430035
开　　本：787×1092　　1/16　　8 印张
字　　数：180 千字
版　　次：2024 年 1 月第 1 版
　　　　　2024 年 1 月第 1 次印刷
定　　价：58.00 元

目录 Contents

Chapter 1

与树为友

什么是树？ 4
工具及使用方法 5
树木种类及其适宜的环境 6
常用土壤及土壤改良剂 8
地栽与盆栽 10
肥料的种类与施用方法 12
近来流行的庭院苗木 14

Chapter 2

让树木茁壮生长

落叶树的管理 16
常绿树的管理 17
庭院树的修剪思路 18
修剪的基础知识 24
树篱的修整方法 28
冬季与初夏的修剪 30
看图学修剪 32
病虫害的日常防治 34
越冬和越夏的技巧 36

Chapter 3

各类树种的生长养护日历

落叶树 38
日本小叶梣 38
昌化鹅耳枥 38
野茉莉 39
毛脉荚蒾 39
美国蜡梅 40
日本辛夷 40

石榴 41
紫薇 42
琉璃白檀 42
山茱萸 43
加拿大唐棣 43
垂丝卫矛 44
腺齿越橘 44
楞叶槭 45
圆锥绣球 45
垂丝海棠 46
四照花 46
桃树 47
流苏树 47
日本紫茎 48
双花木 48
日本金缕梅 49
枫树类 49
日本四照花 50
欧丁香 50
利休梅（白鹃梅） 51
蜡梅 51

常绿树 52

青木 52
马醉木 52
橄榄树 53
山月桂 53
柑橘类 54
具柄冬青 54
檵木 55
凤榴 55
冬青卫矛 56
全缘冬青 56

针叶树 57

矮紫杉 57
丝柏 57
罗汉松 58

日本花柏·日本扁柏 58
吉野杉 59
莱兰柏 59
松树 60

Chapter 4

问题解决 Q&A

常见疑问 62
哪些树适宜在公寓栽培? 62
刺桂、银桂、齿叶木樨有什么区别? 64
如何种好含笑? 66

不开花! 68
为什么绣球不开花? 68
为什么杜鹃和皋月杜鹃不开花? 70
如何让丹桂开花? 72
如何让美国风箱果开花? 74
如何改善玉兰的开花情况? 76
如何让常绿杜鹃每年开花? 78
如何让山茶每年大量开花? 80

没精神! 82
为什么瑞香无精打采，似乎要枯萎了? 82
日本吊钟花盆栽为什么枯萎了? 84
红叶石楠为什么长斑点了? 86
为什么光蜡树的叶片发黄脱落? 88
绣球‘贝拉安娜’枝条、花朵低垂怎么办? 90
为什么齿叶冬青绿篱慢慢枯萎了? 92
为什么三叶杜鹃长势不佳? 94
如何治疗樟树枝叶上的灰褐色病斑? 96

不结果！ 98

如何让蓝莓多结果？ 98

如何防范柿树和梅树落果？ 100

如何让日本紫珠结果？ 102

如何让水榆花楸结果？ 104

为什么樱桃不结果？ 106

哪种南天竹易结果？ 108

长得太大！ 110

木香花长得太大了怎么办？ 110

珍珠绣线菊长得太高大了怎么办？ 112

如何使夹竹桃小巧一些？ 114

如何保持木槿株型精巧？ 116

如何处理刺槐的根蘖？ 118

如何使穗花牡荆的株型更为利落？ 120

Chapter 1

与树为友

在栽种树木前，需要了解一些相关知识，才能更好地做足准备。接下来，将介绍一些简单易懂的基础知识和操作要点。

庭院有树，赏心悦目

有树木的庭院里，清风徐来，树叶婆娑，令人心旷神怡。在此可以欣赏四季流转——早春新芽萌出，花朵含苞待放；夏季绿意盎然；秋季果实成熟，树叶渐红；冬季天气转冷，叶片翩然飘落，带来冬的讯息。试着用树木打造出一个富有季节感的庭院吧！

栽种树木的过程中，总有一些意想不到的问题让人困扰。本书提供了许多解决问题、应对困扰的方法与技巧。

不开花

➡修剪时期是否合适?

➡肥料是否充足?

不发新芽

➡种植环境是否合适?

➡肥料是否充足?

不结果

➡是否摘掉了花朵?

➡修剪时期是否合适?

落叶

➡是否有病虫害?

➡土壤是否适宜?

长得过大

➡修剪是否合适?

➡是否过度施肥?

叶片不变红

➡日照是否充足?

➡是否有病虫害?

什么是树？

了解树的特性

树，是地上部分经多年增粗生长而木质化的木本植物。可按树高（乔木、灌木），冬季是否落叶（常绿、半常绿、落叶）以及树叶形状（阔叶树、针叶树）等方式进行分类。而竹子同时具有树和草的特性。

山上自然生长的树木彼此映衬，形成一幅和谐的美景。然而在人为建造的庭院中，如果放任树木自由生长，空间将变得杂乱无章。打理庭院，首先要从了解树开始。

保持树木原本的形态，根据庭院面积来调整树木的大小，由此形成的树形称为“自然树形”。按照树干的生长方式可分为主干形和多干形。主干形的“主枝”从“干”上向四周生长，其上长出的“亚主枝”等枝条构成树的骨架。枝叶所组成的部分称为“树冠”，其外轮廓线称为“树冠线”。

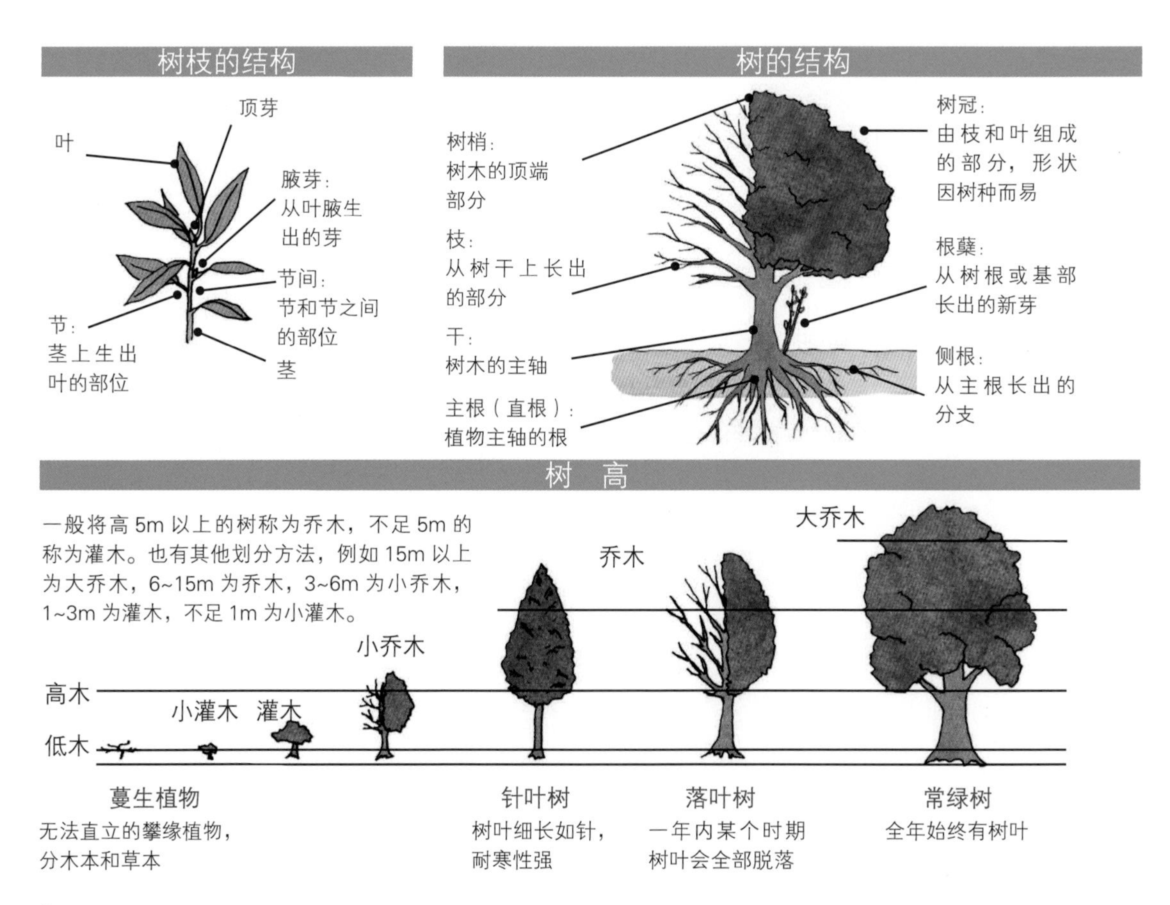

工具及使用方法

称手的工具有助于提高效率

种植、移栽、修剪时配备称手的工具，树木的养护管理将会事半功倍。栽植苗木主要使用铁铲和移植铲。修剪则主要会用到修枝剪、园艺剪、修枝手锯、长柄修枝剪 4 种工具。刀具使用后的清洁非常重要——一定要将汁液或泥等洗净，擦去水分后再保管。

此外，折梯也必不可少。采用不便的姿势修剪或不慎踩空，都很容易受伤，因此选购一架高度合适的折梯很有必要。

各类工具

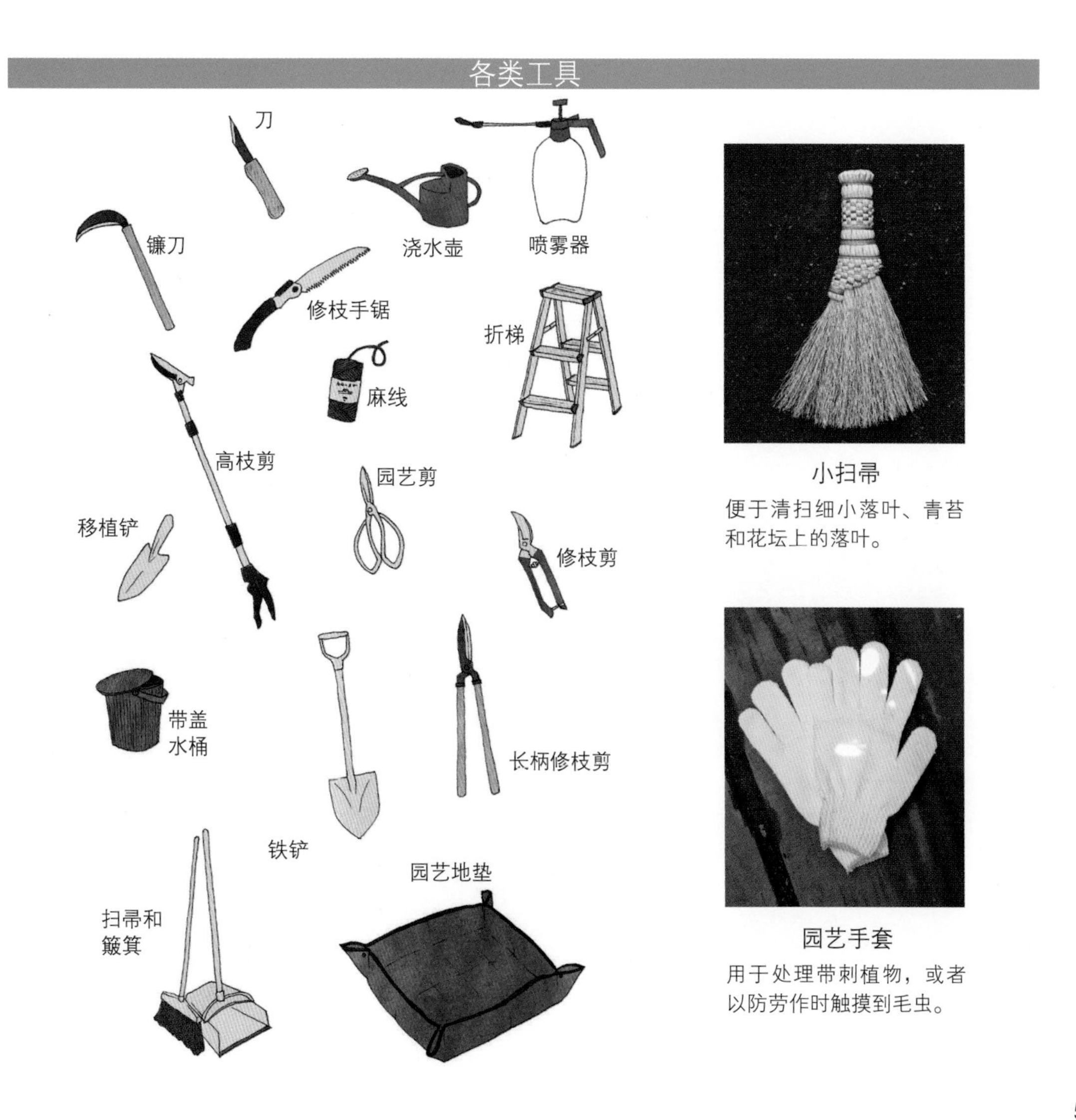

小扫帚

便于清扫细小落叶、青苔和花坛上的落叶。

园艺手套

用于处理带刺植物，或者以防劳作时触摸到毛虫。

树木种类及其适宜的环境

树木喜爱的环境从森林中一看便知

你去过森林吗？想要了解树木的特性，首先要仔细观察森林和杂树丛的自然状态。因为树木自然生长的环境一定是与它相适宜的。为了与树木长久相伴，了解树木在山中的生长环境极为重要。

森林中央高大的落叶阔叶树，伸展枝叶向阳生长，树下少有杂草。而森林外侧却郁郁葱葱地生长着许多灌木和野花、野草。

也就是说，喜阳的落叶阔叶树，比如枹栎、昌化鹅耳枥、疏花鹅耳枥、野茉莉、加拿大唐棣、枫树等，应栽种到日照充足之处。

在建筑的周围栽种枹栎、疏花鹅耳枥、枫树等树木，其中穿插一些日本小叶梣、深裂钓樟、乔木绣球‘贝拉安娜’。在外侧搭建低矮的栅栏或常绿树篱。在适合的种植环境中，植物的生长状况会更好。

相反，树荫下或者树林的外围，应该种些相对小型的、需要避免太阳直射的树种，如日本小叶梣、大柄冬青、腺齿越橘、大叶钓樟等，这类树木均适合半日照的环境。

放任不管树枝将疯狂生长，修剪不当树形将凌乱不堪

在日本东京一条名为玉川上水的水渠旁，有一片杂树丛长达50年无人管理，树丛不断扩张，最后堵塞水路，一旁的樱花也因此无法开放。在日照良好、水分与营养充足的环境中，自由生长的树木就会愈加粗壮高大。

另外，将过度生长的粗枝从中间砍断后，断口处会呈喷射状地冒出许多小分枝，顶端枝条将如鸟巢般杂乱无比。原本精巧的树形被破坏，失去了庭院树木的观赏性。因此，修剪是控制树木生长不可或缺的一步。

内侧长出的杂树丛占据了水渠。从侧面看去，两旁的樱花树不见踪影，而中间的杂树十分茂密。

↓

水渠内已砍伐过的区域。粗大的杂树已被砍去，只留下部分细嫩的根茎。砍伐后光线明亮、空气通透，水流也越发顺畅。

适宜全日照的树种

日本吊钟花　垂丝海棠

适宜半日照的树种

山茶花　瑞香

常用土壤及土壤改良剂

常用土壤及其作用

让植物茁壮生长的重要因素之一，是选择合适的土壤。土壤中常包括土壤颗粒、空气和水分。三者相平衡，土壤才会具有良好的排水能力、保水能力以及保肥能力。土壤结构包括团粒结构和单粒结构两种。团粒结构有利于植物的生长发育，因其土壤颗粒大，其中含有的水分与养分也更多，在土壤颗粒的间隙中生长的根系也更为粗、长。相反，单粒结构的土壤颗粒小，会导致根部发育细弱，上部枝条稀疏，无法健康生长。

其次，土壤的酸碱度由氢离子的浓度决定，其数值用“pH”来表示。杜鹃花科植物需要特别注意，杜鹃类、蓝莓都喜酸性，适宜赤玉土、鹿沼土、泥炭苔、水苔等土壤。其他植物则最好选用混合土壤改良剂的弱酸性赤玉土。此外，也可以选择“蓝莓土”这类市面上售卖的各类植物专用培养土。

单粒结构的土壤

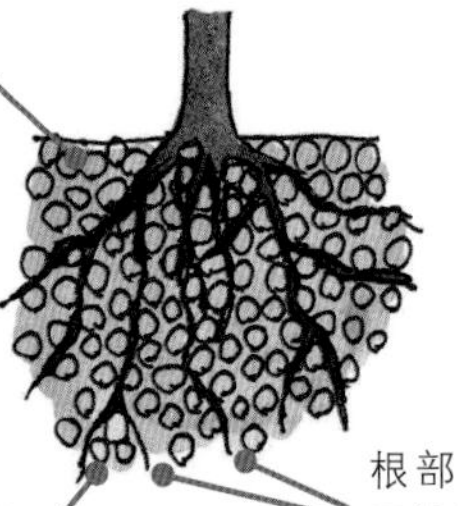

土壤颗粒。

土壤颗粒之间的空隙狭小。

根部变细，无法伸展。

团粒结构的土壤

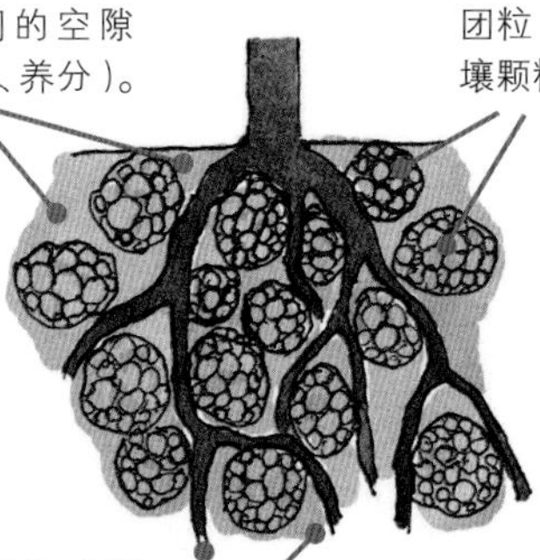

团粒之间的空隙（水、空气、养分）。

团粒（由若干土壤颗粒结成）。

根部变粗，在团粒间延伸。

细粒　中粒　粗粒

赤玉土

对于盆景树来说，赤玉土是最常用的土壤。

土壤改良剂的种类和性质

团粒结构的形成有助于提高土壤的透气性、透水性、保水性和保肥能力，而在土壤中混合有机土壤改良剂，可以进一步提高这些能力。通过促进土壤中有用微生物的活动，使植物根部得到更好的延伸，进而促进枝叶生长。比如在细粒至中粒的赤玉土中混入腐叶土后，雨水将使其转变为团粒结构。但经过半年后团粒可能再次松散，土壤排水性将变差。因此在栽种时应按照赤玉土6~7成、腐叶土3~4成进行配土，这样可以使团粒土壤维持2~3年的良好状态。

腐叶土的配比

腐叶土由落叶等枯朽植物经微生物分解所形成。与土壤颗粒混合后，有助于形成团粒结构的肥沃土壤。以“赤玉土：腐叶土（7 ：3）”进行配土，植物将在盆中牢固扎根，地上部分不易倒伏，并且土壤也具备良好的排水性、保水性、保肥能力。相反，如果以“赤玉土：腐叶土（3 ：7）”进行配比，虽然氧气和水分会增多，但将导致土壤松软、植物扎根不稳，即使微风也有可能使其倒伏。合理配比，有助于植物茁壮生长。

腐叶土的相关知识

阔叶树叶片制成的腐叶土具备排水和保肥能力，有助于树木健康生长。而加入树皮堆肥的腐叶土有可能因团粒松散导致植物扎根困难。

加入树皮堆肥的腐叶土。　阔叶树叶片制成的腐叶土。

有机土壤改良剂	腐叶土、泥炭藓、树皮堆肥、粪尿肥、堆肥等。
无机土壤改良剂	珍珠岩、蛭石、石灰等。

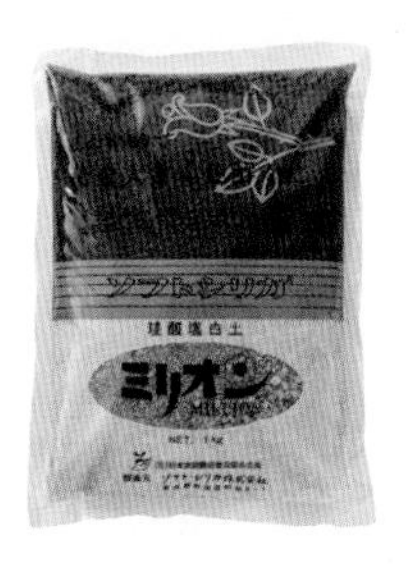

硅酸盐白土

加工成粒状的改良剂，混在土壤中可提高生根能力，根部不易腐烂。

泥炭藓

杜鹃花和蓝莓等喜酸植物不可或缺的土壤。

地栽与盆栽

钵苗和带土球苗全年皆可栽种

栽种在庭院的苗木，以高 1~2m、进行过 3 个月至半年育苗的钵苗和土球苗木为宜。这类苗木的根系已经成熟，除盛夏和严寒之外皆可栽种。

常绿树的最佳栽种时期在春至秋季，落叶树则在冬季至次年春季，此期间苗木更易扎根。嫁接的小苗和实生苗由于难以扎根，应该在最佳栽种期内种植。

土球苗木
小心地将根部挖出以防泥土掉落，用麻布或稻草包住根团。苗木的种类包括带土球苗、钵苗和裸根苗等。

栽种后到秋季，每日需浇水 1~2 次

栽种后最重要的事情就是浇水。

大家常误以为打湿土壤表面即可，但实际上这样会导致树木因缺水而枯萎，很难熬过夏季。

推荐夏季早晚各浇一次，春秋每日浇一次。使用带有喷头的软管浇水，不要用洒水壶。每棵树至少浇 3 秒，全部树木至少浇 2 圈。浇水量要与苗木根团的体积相等。

在花盆中栽种苗木
栽种苗木时要拔除盆土表面的杂草。栽种嫁接苗时应注意土壤不要覆盖嫁接口。

株高 2m 以内的苗木可用“注水法”栽种

采用“注水法”这一点很重要。园艺师和专业园艺公司在种植时一定会采用此方法，借助水的力量使苗木的根系牢固地抓紧土壤。

庭院景观树一般分为 3 种规格：高度低于 1m 的实生苗；1~2m 的带土球苗或钵苗；3m 以上的苗木，多为带土球苗。3m 以内的苗木基本可以自行栽种，但 1~2m 的苗木处理起来较为便利。

3m 以上的大规格苗木无论是搬运、挖穴、种植都很费力。有专门搬运大型苗木的起重机，可以从购入苗木的园艺店或者庭院设计公司等处租用。

注水法的栽种方法

1 用尖头铲等工具挖出种植穴，须比钵苗的根部大一圈。

2 从盆中拔出树苗根部。无纺布盆可以直接拆掉。

3 小心地将根部放置于种植穴中。

4 在稍远处检查枝叶的方向和外观。

5 确定种植位置和方向后，在种植穴中填入 1/2 的土。

6 在根部四周用软管分次充分浇水，借助水的力量让根部牢固抓紧泥土。

7 水分吸收后，用土填平种植穴。

8 用力踩平苗木四周的土壤，确保苗木不会摇晃。

购入栽于无纺布钵盆的苗木，苗木已于盆中种植一段时间。树高约 1m。（图中为具柄冬青）

栽种前将植株修剪至易成活的状态

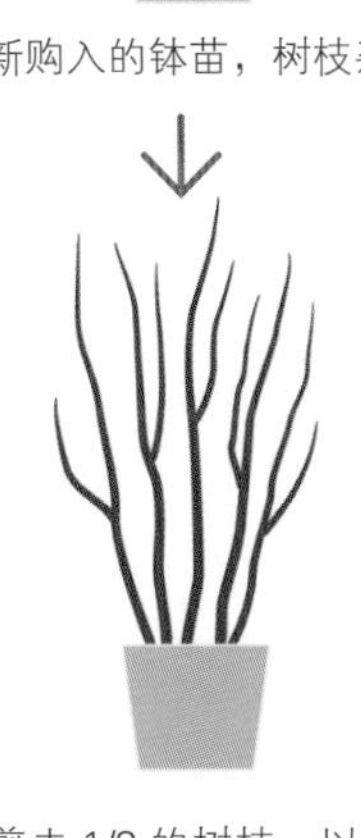

新购入的钵苗，树枝杂乱。

剪去 1/3 的树枝，以减少树叶的蒸腾。

肥料的种类与施用方法

为庭院地栽树与盆栽树施肥

种植于庭院的树木不需要大量肥料，但缺肥也会导致不开花、不结果等问题，因此应适时、适量地施肥。

然而，盆栽的树木则不同，由于植株不能向四周充分伸展根系，盆土容量有限、养分极易流失，所以需要定期施肥。

植物生长所必需的无机成分约有 16 种，其中氮、磷、钾是“肥料三要素”。这些成分虽存在于空气中，但无法被植物固定吸收，因此施肥很有必要。其他元素对三要素起辅助作用，微量施用即可。

要注意的是，从树根开始生长活动到进入活动高峰期，都要施肥。在生长期里也要施肥，以防肥料短缺。

肥料三要素	
氮（N）= 叶肥	作用于茎和叶，特别是春季生长初期需大量施用。氮过量会导致茎叶生长旺盛但柔弱，开花、结果也将变差。
磷（P）= 花肥、果肥	花果生长必不可少的成分。植物缺磷会发育不良，但也不可过量施用。
钾（K）= 根肥	作用于根部。施用量小于氮和磷。富含于草木灰中，

施肥时期与方法

冬肥

冬季直至次年 2 月，在盆边缘挖 2~3 个小坑放入有机肥料。

追肥

9 月中旬至 10 月，将等量的有机肥料和复合肥料混合后施用。在此期间即使施肥，花芽也不会萌动。

礼肥和追肥

花季过后立即施礼肥，选用颗粒状的复合肥料较为合适。但在 5–9 月，可以每月施用两次稀释的液体肥料，以代替浇水，避免肥料耗尽。

有机肥料与复合肥料

施用有机肥料后不会立即起效，因肥料须经微生物发酵分解才能被植物吸收，所以应该提前 1~2 个月施用。
与之相对的是“复合肥料”——由两种以上的成分经科学加工合成，因便于使用而广受欢迎。颗粒表面有微小孔隙，吸收水分后养分会经小孔缓慢渗出，因此也称“缓释肥料”。

液肥的使用与施用方法

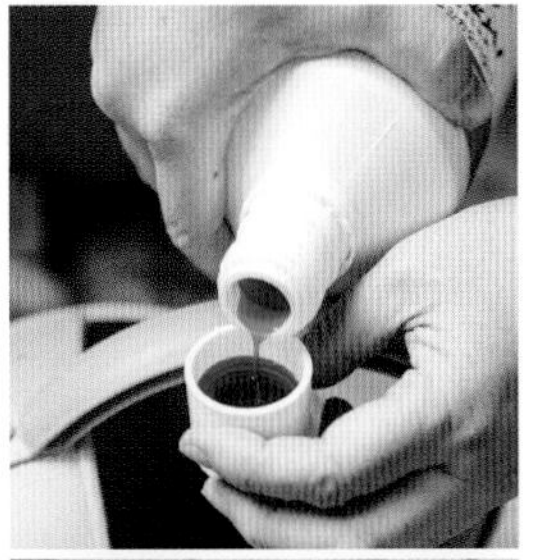

1

确定施用量，用瓶盖量取液肥。

2

在浇水壶中先加入水，再加入规定分量的液肥。

3

向花盆中浇入稀释过的液肥，直至从底孔流出。

简单方便的肥料与活力素

活力素

促进根部生长、植物发芽及肥料吸收等，有利于植物的恢复与发育。

液体肥料

主流产品多需按规定比例兑水稀释后使用。可促进植物生长、开花等。

缓释复合肥料

由两种以上的养分合成，施用方便。肥效期因产品而异。

各类肥料产品

园艺店内有多种肥料出售。应根据植物种类和用途选用合适产品。

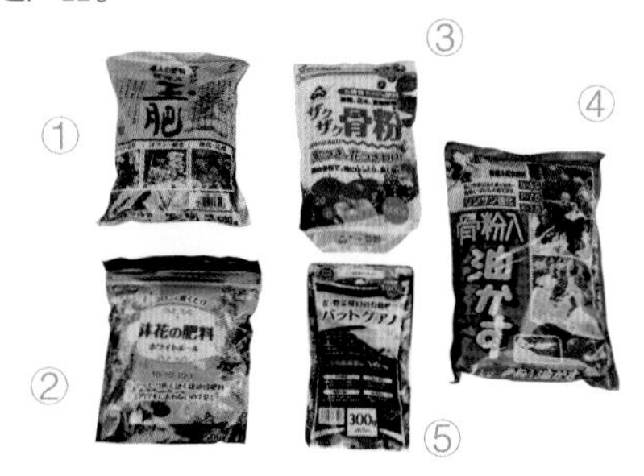

①玉肥

指尖大小的固体肥料，经油渣和骨粉发酵而成。为含有 5%N、4%P、1%K 的迟效性肥料，施用方便。

②复混肥料

大豆大小的白色颗粒肥料，方便施用，含有 10%N、10%P、10%K、1% 苦土。苦土含有重要的微量元素——镁，可帮助氮磷钾有效地作用于植物。

③骨粉

由动物骨头研磨而成，含有 20%P 和 2%N，是代表性的磷酸肥料。由于单价高，通常将油渣与骨粉按 7 ∶ 3、6 ∶ 4 或 5 ∶ 5 的比例混合使用。推荐加水进行一次发酵后再施用。

④蝙蝠粪便

含有 25%P、35%Ca 以及多种微量元素，对花果有良好效果。

⑤油渣

混有骨粉的油渣含 4%N、7%P、1%K。可以作为基肥混入土壤中，也可以在盆中用水发酵后使用。

给盆栽施肥

近来流行的庭院苗木

生命力强、美观且易养活的树种

近来市面上有耐寒耐旱、适宜在小庭院和花盆中种植的小巧品种。此前流行的树种中也有此类适宜盆栽、生命力旺盛的小型苗木，但近来流行的新品种又多了四个特点：①在极寒极旱的环境中也能茁壮生长开花；②打理轻松；③四季开花；④香气怡人。不妨尝试一下这些新型的景观树（开花树、果树等），既能栽培在公寓阳台，又能点缀庭院，种植起来也简单方便。

穗花牡荆
‘蓝色狄德利’

美国风箱果
‘小葡萄酒’

乔木绣球
‘粉色贝拉安娜’

圆锥绣球
‘小皮鞭’

Chapter 2

让树木茁壮生长

种下树木之后便要了解养护方法。
接下来将为您介绍让树木在庭院和阳台茁壮成长的方法。

落叶树的管理

修剪、栽种、施肥皆在冬季与初夏

落叶树大多于晚秋至冬季的落叶期修剪枝叶、打理树形。在此期间修剪是为了预测各个树种在今后一年的生长情况并加以控制。一般来说，应剪掉整体1/3~2/5的树枝，但修剪位置和方式因树而异。

冬季是为次年做准备的重要时期，若草率地栽种或未认真进行病虫害防治，将影响次年春季的生长。

初夏修剪则是为了剪除过长或混乱的树枝，调整树枝间距。不要因为觉得树冠沉闷而在生长停止前进行修剪，否则枝叶将会“喷涌而出”。待新芽和不定芽停止生长后再疏枝剪叶，这样可以防止树枝加粗生长。

枫树属落叶树的一种，绿叶与红叶皆具观赏性，既能构成庭院的框架，又能成为景致的点缀。不妨在庭院里种上一棵。

落叶树的生长周期

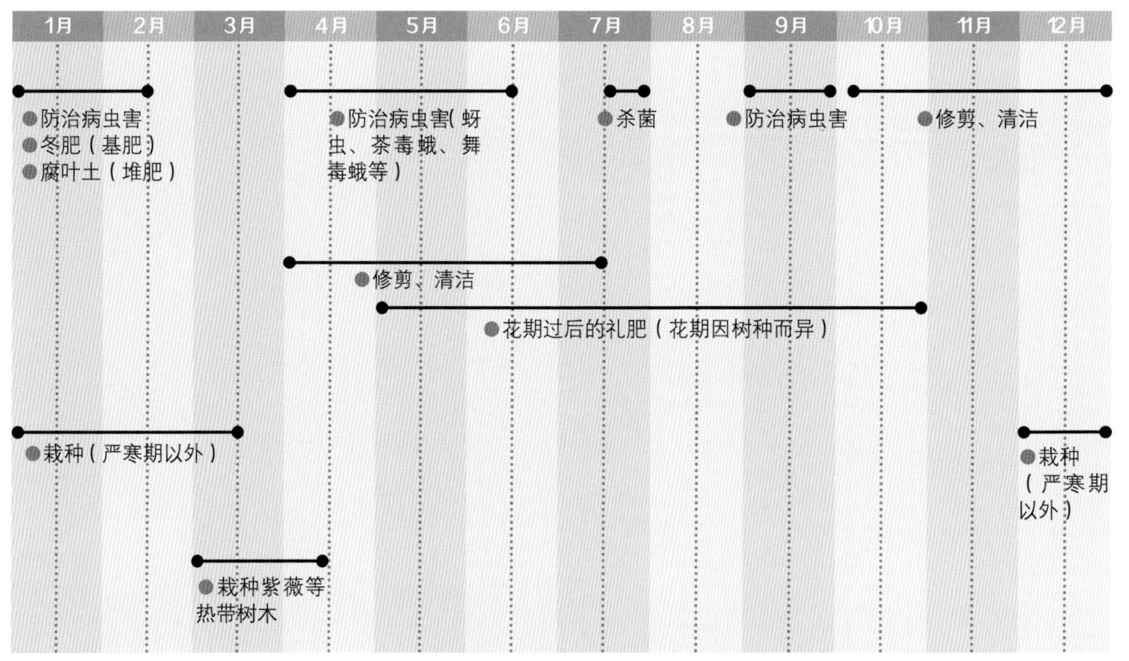

常绿树的管理

在 3—6 月和秋季修剪，于气候温暖时栽种

与落叶树相比常绿树的发芽时期较晚，一般待新叶全部长出，即 3—6 月进行修剪——将枝条自主干分生处剪断并打理成自然的树形。此外，为抵御寒冬，从秋季至严寒期应减少枝叶数量。

多数常绿阔叶树相较于落叶树而言耐寒性更差，宜在盛夏、严寒之外的温暖时期种植。

多数针叶树比阔叶树耐寒，可以在冬季修剪树形。在发芽前修剪，可以预测次年长势，依据不同树种的生长方式对株型进行调节。

除了常绿杜鹃和山茶花等以赏花为主的树种之外，施肥会导致树木过大而发育不充分，所以一般不宜施肥。耐寒性差的树种应在冬季来临前，用稻草或腐叶土铺在根部进行护根。

花朵凋敝的秋冬之际，正是茶梅盛开之时。种植在可以从屋内或小路望见之处是种不错的选择。

常绿树的生长周期

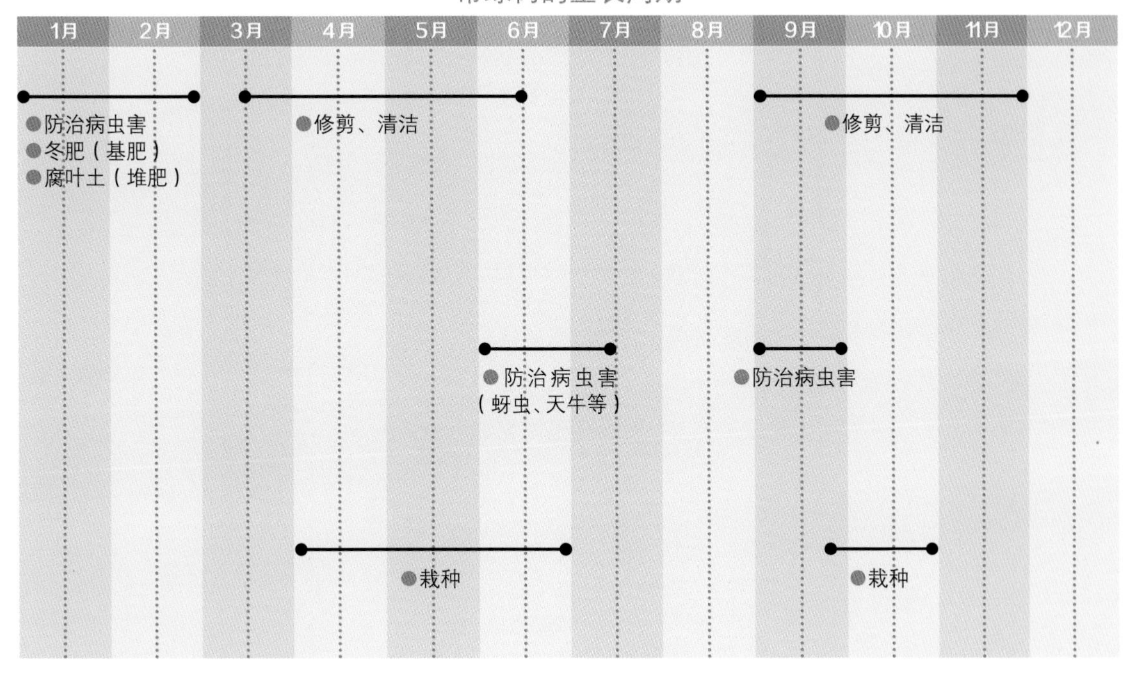

庭院树的修剪思路

与庭院相宜的健康自然树形

修剪，是在庭院中，兼顾景观的和谐与树木的健康发育，对树形进行修整的行为。

考虑到庭院面积和日照、通风情况，需要限制树高和树冠大小。另外，为了遮挡来自临街或邻居的视线，保护好隐私，可以将部分树枝留长一些。

修剪的重点是抑制茁壮的树枝生长，保持枝条与树叶的数量相比恒定。如果放任不管的话，过于杂乱的树枝将使树冠内部不见阳光，从而引发病虫害，甚至导致树枝枯死。疏剪无用的树枝、剪短过长的树枝，通过控制枝条生长来帮助树木健康发育。此外，老枝较多会影响树木长势，应将其及时剪除以更替为新枝。

剪掉哪些树枝才能使树形美观呢?

为了保持庭院树外形的美观，疏枝、短截、牵引等工作都是必不可少的。初学者常常会感到迷茫，不知该剪掉哪些树枝。

所谓“忌枝”，如右页图片中所示有许多种类。大多数忌枝会阻碍树木发育，引起树枝枯萎。就庭院树而言，除个别忌枝外，基本上要全部剪除。

想要维持树木的自然姿态，先要弄清树枝的去留问题。了解哪些树枝要留下、哪些要剪掉是非常重要的。

右页图中红色部分是不需要的、应该剪去的树枝。

应该剪除的树枝（忌枝）

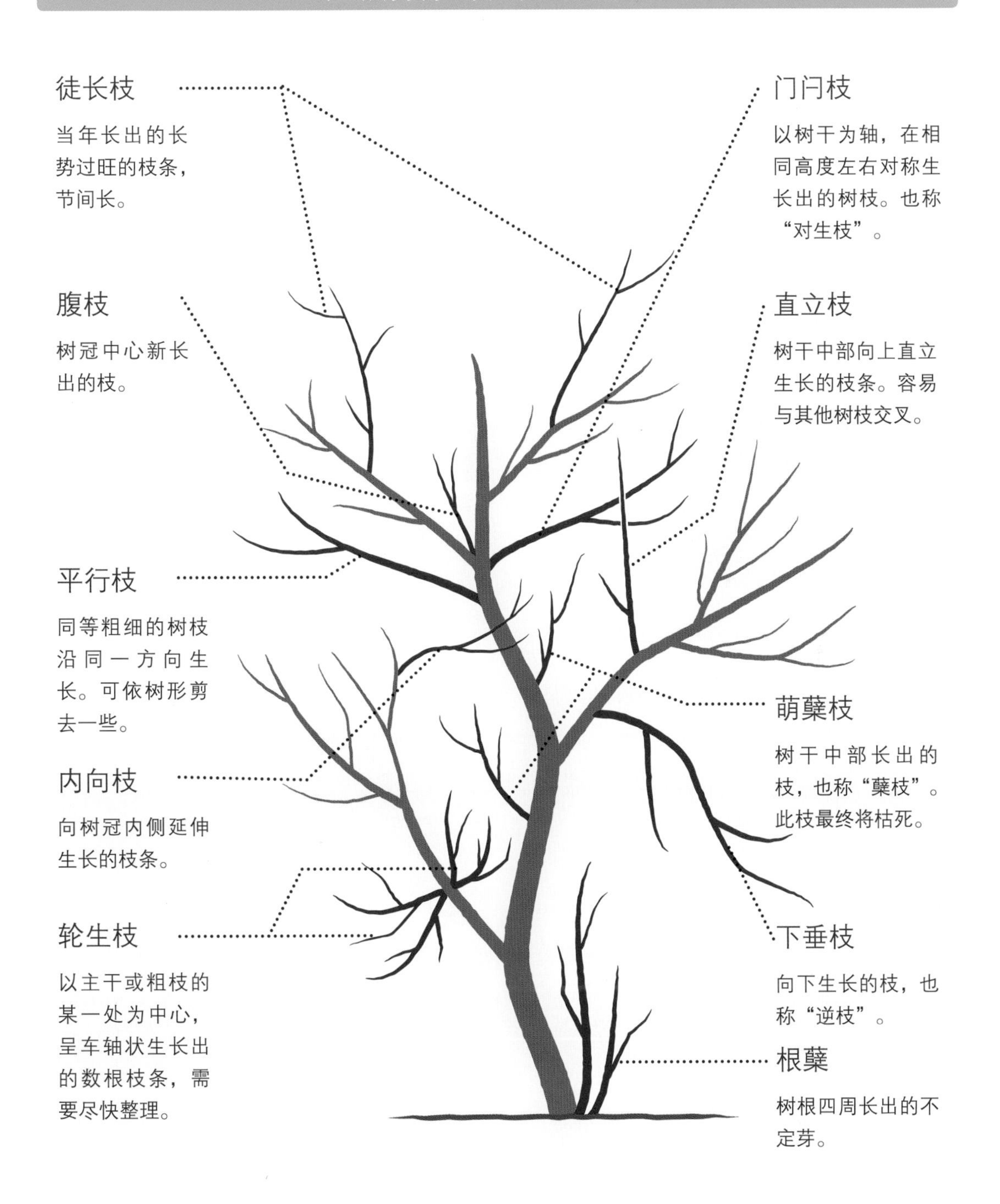
徒长枝
当年长出的长势过旺的枝条，节间长。
腹枝
树冠中心新长出的枝。
平行枝
同等粗细的树枝沿同一方向生长。可依树形剪去一些。
内向枝
向树冠内侧延伸生长的枝条。
轮生枝
以主干或粗枝的某一处为中心，呈车轴状生长出的数根枝条，需要尽快整理。
门闩枝
以树干为轴，在相同高度左右对称生长出的树枝。也称“对生枝”。
直立枝
树干中部向上直立生长的枝条。容易与其他树枝交叉。
萌蘖枝
树干中部长出的枝，也称“蘖枝”。此枝最终将枯死。
下垂枝
向下生长的枝，也称“逆枝”。
根蘖
树根四周长出的不定芽。

应该剪除的树枝 ● **徒长枝**　放任生长将破坏整体树形

高高探出的山枫徒长枝。

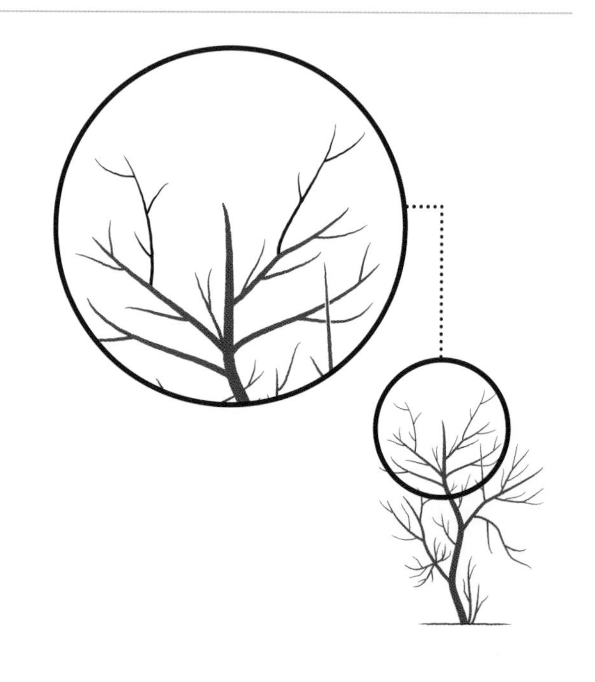

生长过盛的徒长枝会影响柔韧的枝条

从稍远处望去，徒长枝十分显眼。它从树冠中突兀地探出，节间长于其他树枝，呈现出不自然的粗壮。若长时间放任不管，将导致只有徒长枝不断生长增粗，变得粗糙杂乱。

其他树枝的养分则被徒长枝夺走，树木生长失衡，枝条的柔韧姿态也将被破坏。

尽快将其剪除

除去开花前和梅雨季等易患病时期，只要徒长枝旺盛生长，都应尽快将其剪除，否则它将以令人惊讶的速度伸展。

修剪时务必要紧贴枝条根部将其剪断。不要因担心树枝枯死而不彻底剪除。即便只留下一小段树枝，也会从切口处如喷发般地长出许多小枝，结果不得不再次修剪。如果担心断面的愈合，可以涂抹一些愈合剂。

应该剪除的树枝 ● 下垂枝　破坏树形，导致通风差，使植株腐烂，产生病虫害

正在锯断山茶树的下垂枝。

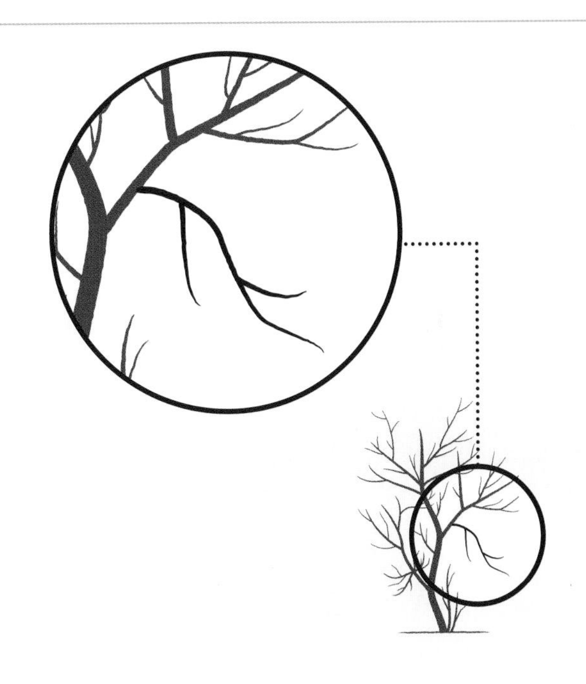

破坏树形、阻碍生长——务必剪除下垂枝

本应向斜上方生长的树枝向下长出，很容易影响其他健康生长的枝条。

下垂枝多发于落叶树的下部粗枝，以及常绿树的树冠内各处。一般枝条较细，易枯死，腐烂后容易成为病虫害的温床。放任不管的话，病虫害有蔓延的风险，应彻底从枝条根部剪除。

针叶树的下垂枝应从根部仔细剪断

日本扁柏和日本花柏等针叶树树冠内部常有许多细弱的下垂枝。这类针叶树不善于应对闷热的夏季，如果在树冠杂乱的状态下度夏，没有得到充分修剪的树木长势将变差，下部树枝会逐渐枯死。

夏季来临前，将下垂枝等树冠内凌乱的树枝从根部剪去，确保树木内部通风，更好地迎接夏季。

应该剪除的树枝 ● **轮生枝**

树冠内部以不自然的角度生长的树枝

呈喷射状密集长出的树枝。

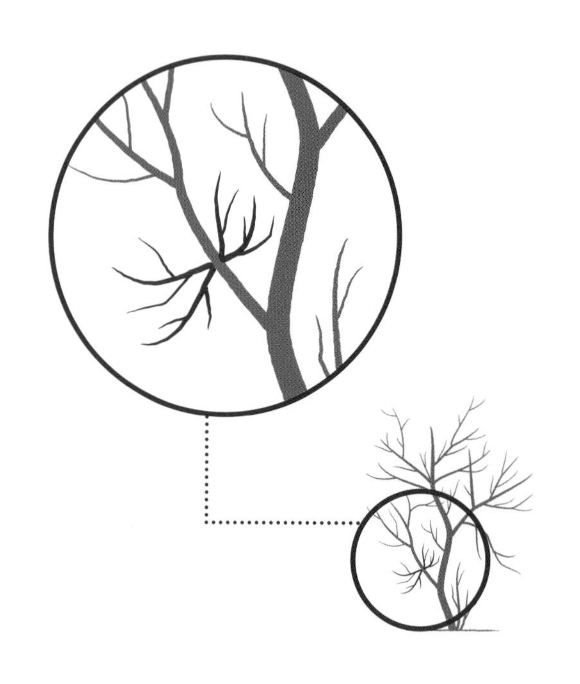

从根部剪除树冠内部的杂乱树枝

轮生枝是围绕某一处呈喷射状生长的小树枝。长势旺盛的徒长枝由于台风或大雪等外部因素折断或者弯曲后，很容易产生这种轮生枝。应从根部将这些方向怪异的树枝彻底剪断。此外，也可以将整根树枝从主干上剪除，从根本上解决问题。如果留下一点树枝，很容易从断口处旺盛地冒出无用的小枝，因此务必剪除干净。（※ 除松树等针叶树）

内向枝、门闩枝、直立枝也应从根部剪断

向着树冠内部逆向生长的树枝叫作“内向枝”，阻碍其他横枝生长的垂直树枝叫作“直立枝”，左右对称生长的则叫作“门闩枝”。这些树枝同轮生枝一样，是会扰乱树冠内部长势的无用树枝。放任不管的话，会妨碍其他树枝的生长，引发病虫害。

树冠内部的树枝互不交叉且通风良好，才是健康树形的理想状态。应将上述树枝从根部除去，打造舒展的树枝形态。

应该剪除的树枝 ● **萌蘖枝**　　可用于更替主干与主枝

将主干长出的新枝从基部剪去，或将旧枝剪去。

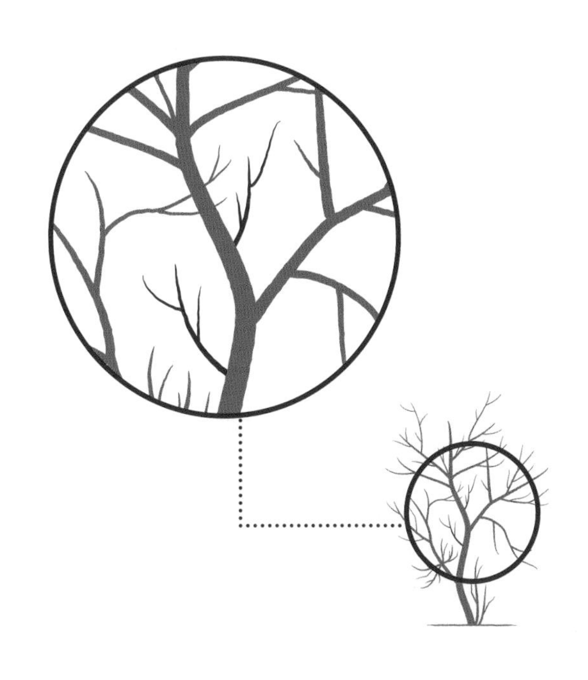

对于不易生出萌蘖枝的树种和主干的更替十分重要

一般来说，由于萌蘖枝 2~3 年就会枯死，所以应尽早从根部剪除。不过若想截短乔木的主干或者粗枝，可以将树干下方 1/2~2/3 处长出的萌蘖枝留下，待其长成后以更替主干。

在这种情况下，沿着主干略微直立生长的萌蘖枝是最为理想的。但是即使横向生长也没有关系，只要将主干紧贴萌蘖枝上方截断，树枝会逐渐向上垂直生长。

留下主干和老枝侧面长出的平行枝和腹枝

腹枝指从主干中部长出的新枝，因此从广义上来讲，平行枝和腹枝也算是萌蘖枝。

想要截短主干让其重新生长时可以保留萌蘖枝。另外如果横枝变老变粗，可以将其砍断，让下方新生的细小横枝逐步代替旧枝。过于细弱的腹枝需要剪除，但正常生长的腹枝则可以保留，用作更替主干的备选。

修剪的基础知识

思考修剪的入手点与顺序

想要打造出美好的树形，了解修剪的位置与方法是颇为必要的。实际操作时，有很多人会先修剪从树冠探出的多余树枝，但其实这并不是明智做法。因为一旦修剪过多后会很难恢复原状，所以在着手修剪前应仔细观察整体姿态，思考剪去哪些树枝会让树形更为和谐。

想要缩短主干或者从靠近地面处锯断树干时，应最先进行此操作，其次再疏剪余下主干上的无用粗枝，这样就能逐渐看出树形的理想框架。

修剪时如果想保留粗枝的基部，可以参照下图进行操作。包括其后修剪略粗的树枝时，都应使用锯子锯掉部分枝干，最后再用剪刀修剪细枝。

不伤切面的粗枝修剪方法

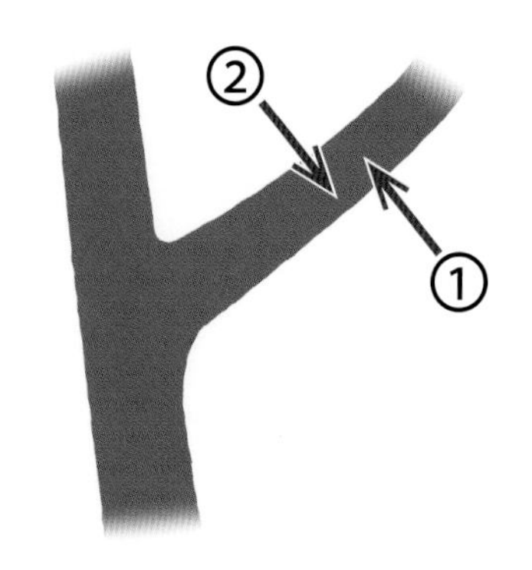

1

首先如①所示，用锯子从下方锯入 1/3，然后从②处向下将树枝锯断。

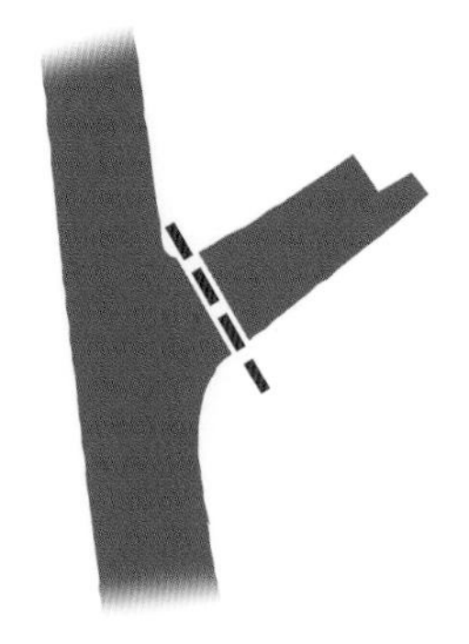

2

将大段树枝锯掉后，设想从虚线位置再次剪枝。

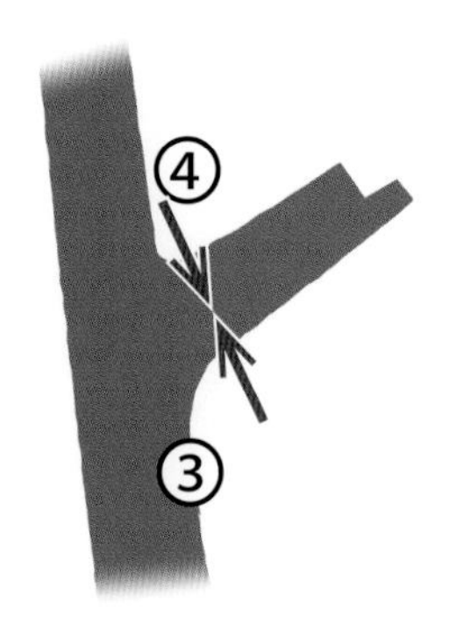

3

如③所示，用锯子从下方锯入 1/3，然后从④处锯下，仅留下一小截基部。

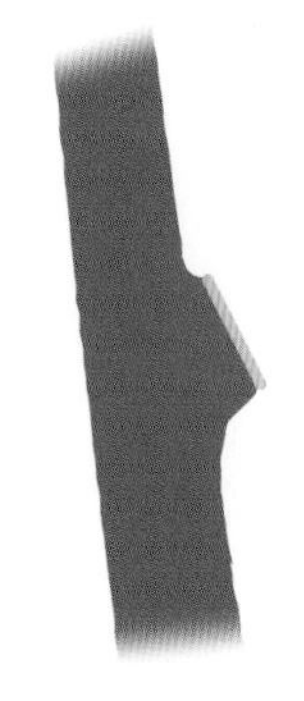

4

在切面涂上愈合剂加以保护。

顶部向下修剪时，务必注意安全

在修剪较高的树木时，应该使用折叠梯或园艺梯。使用梯子时，应该用绳子将其固定在树上再进行操作。攀爬时务必注意安全，谨防跌落受伤。

在疏剪树梢的小枝时，重点是要从上向下进行。弄错顺序的话，刚修剪好的下方树枝又要被上面掉落的枝叶覆盖，不得不再次清扫。

应穿着长袖、长裤、帽子、防滑鞋或运动靴（不可穿长靴攀登梯子），并佩戴劳动手套或园艺手套。在领口缠上擦汗毛巾，可以防止落叶和木屑等掉入衣服内。

 错误的粗枝修剪方式

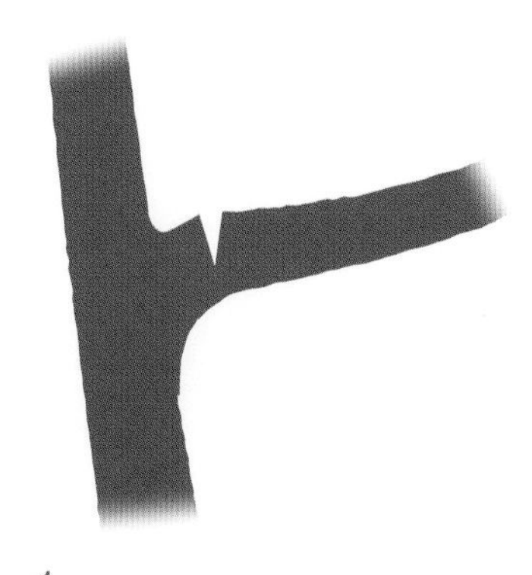

1

从上方锯枝会导致树枝受重力作用下垂。

2

想要一次性剪断树枝反而会导致树皮大面积断裂。

不要将树枝从中间剪断

“从哪里开始修剪”是最为重要的问题。大多修剪相关的书籍中都记载了诸如“缩剪”或“短剪”等修剪方法，但其实针对自然树形，只要谨记“紧贴树枝根部沿树皮剪断，绝对不从树枝中间剪断”这一原则，即可修剪出优雅的姿态。

从树枝中段突兀地剪断后，马上就会在断口爆发般地冒出许多新枝，树形将无比凌乱。

树枝根部的剪切位置十分重要

想要修剪出自然且优美的树形，最重要的一点就是依照留枝所自然延伸的弧度，将树枝从分生处紧贴树皮的位置剪断。若是剪得太深，树皮将出现缺口，剪切面不易愈合进而导致树枝易折断，其后的生长发育也会受到影响。主干的修剪方式、修剪位置以及注意事项，也应遵照这一原则。

打造自然树形应从什么角度剪枝？

剪切时应按照留枝自然延伸的弧度，将无用的树枝紧贴分生处剪断。

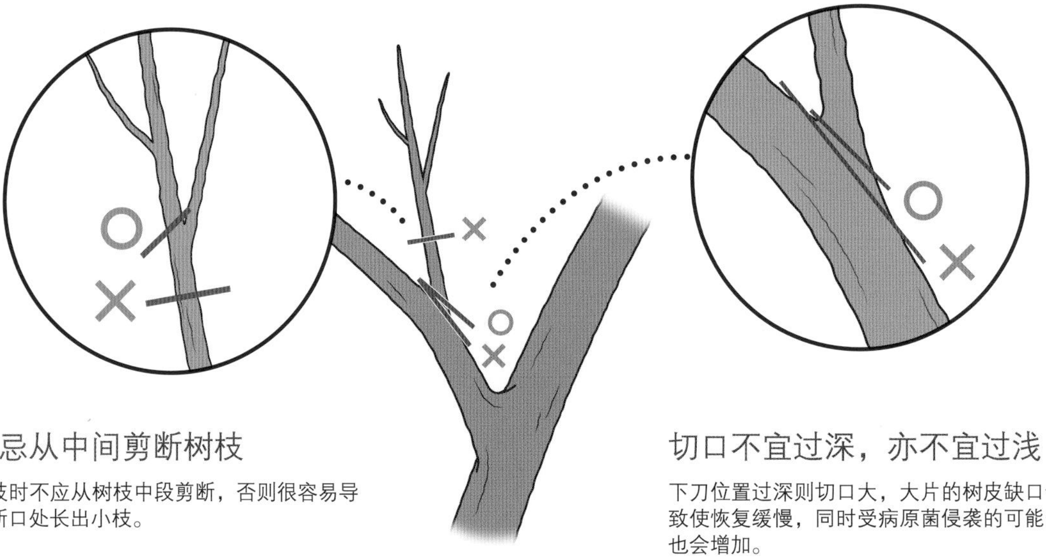

切忌从中间剪断树枝

剪枝时不应从树枝中段剪断，否则很容易导致断口处长出小枝。

切口不宜过深，亦不宜过浅

下刀位置过深则切口大，大片的树皮缺口会致使恢复缓慢，同时受病原菌侵袭的可能性也会增加。

留橛将成为树形凌乱的罪魁祸首

没有充足了解的人很容易因为担心植物从切面处枯萎，而在修剪时选择留下一小段树枝，称为留橛。但要注意，留橛处会很快冒出许多小枝，树形变得混乱不堪。这类情况常见于日本四照花和日本紫茎。

为了解决这个问题，必须从分生处将残留的树枝剪断。若是时间不适合修剪该树种，则应耐心等待直至适宜时期到来。

但葡萄或者绣球这类容易枯萎的树种，建议从分生处稍留一段距离再剪断。

留橛会破坏树形

如果未能从分生处彻底剪除树枝的话，留下的部分会很快冒出许多小枝。如此便不得不在适当时期再次修剪了。

从分生处彻底剪断，切口将消失无痕

从分生处切断树枝让切口隐匿无形，是出色修剪的重点。

紧贴根部剪断树枝，树皮将迅速从四周将切口覆盖，一段时间后基本无法看出切口的存在。另外，在修剪粗枝后为了安心，可以在切口涂抹有杀菌作用的防枯愈合剂。

从根部剪断，切口将更易恢复

切口将立即被周围的组织覆盖，迅速愈合，不仅会恢复平滑，甚至连切口的存在都难以察觉。

粗枝上长出的小枝的修剪方法

将小枝剪除干净，做到即使从侧面看去，也无法发现曾经长出过小枝的程度。可以在切口处涂上愈合剂以促进愈合。

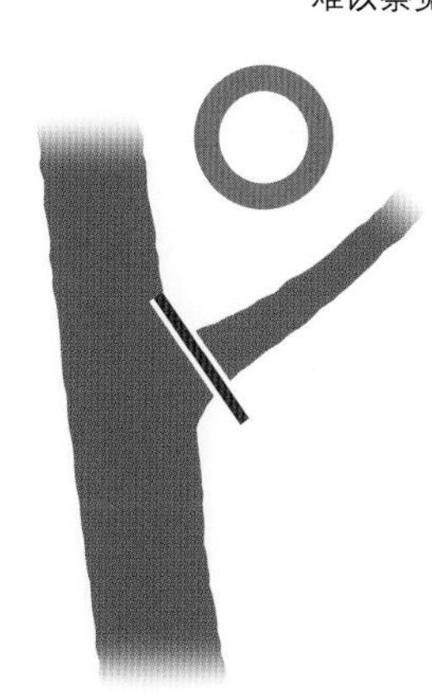

树篱的修整方法

用树篱制作一个柔和的屏障

沿路边种植一排树，可以将居住空间和外界柔和地隔离开。由于这个分界线朝向公共道路，将成为街景的一部分，所以与周围景色的调和十分重要。树篱可以说是一种与任何街景都很相称的选择。

树篱过度生长的枝条会影响通行，应在适宜时期进行修剪，防止其遮挡视野、阻挡车辆通行。

邻居离得太近的情况下，可以通过种树来遮挡对方的视线。种植带刺的树木并在树根铺上砂砾还可以起到防盗效果。此外，树篱还可以保护家人免受大气污染和噪声的侵扰。

树篱的制作方法

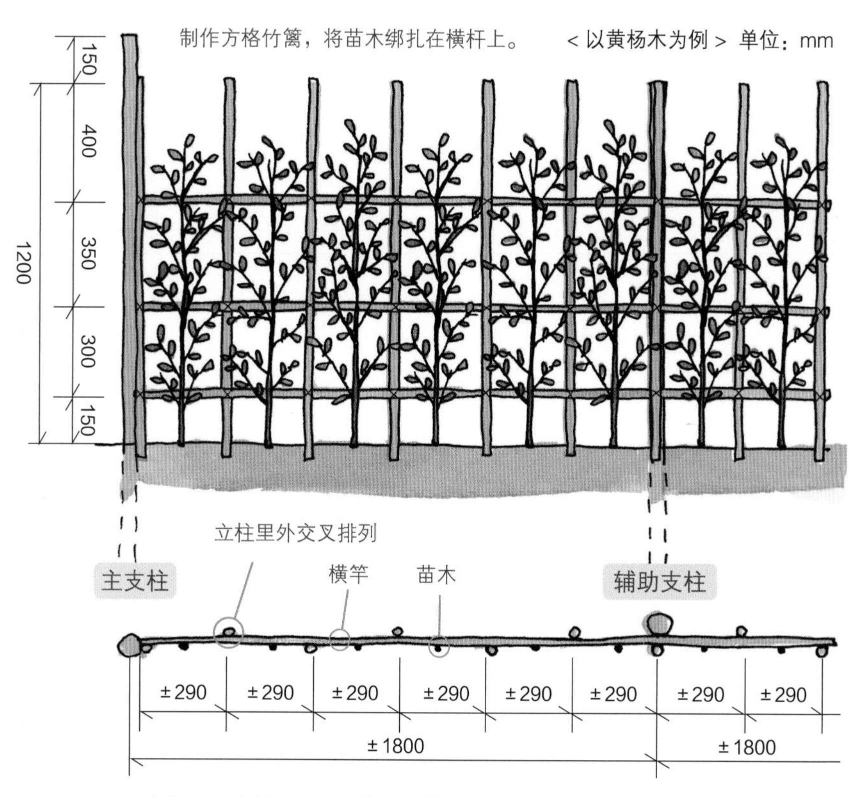

1.8m 的间距适宜放置长为六格的竹篱，种植 6 棵 70~90cm 的小苗木。至树篱长成需要 4~5 年的时间。搭建好后落叶树需要在 12 月至次年 2 月大幅修剪轮廓和高度，6—7 月小幅修剪即可。常绿树则需在 6 月下旬至 7 月和 12 月修剪。

利用树篱保护隐私

树篱可以遮挡外界视线以及与庭院不相适宜的外部风景。选用高大并且枝叶茂密的树木，既能保护自己的隐私，又能屏蔽自己不想看的东西。

靠向马路的窗户、庭院中的露台；花园中休憩的地方、散步的小路；电灯柱和邻居家的窗户等场景都可以用绿篱精准遮挡。

极为规整的罗汉松树篱。

有时家中窗户过大，想用栅栏等物完全遮住，反而会造成屋子光线过暗。与庭院融为一体的树篱则可以避免这种尴尬，它既可柔和地遮挡住外界视线，又不会影响室内采光。

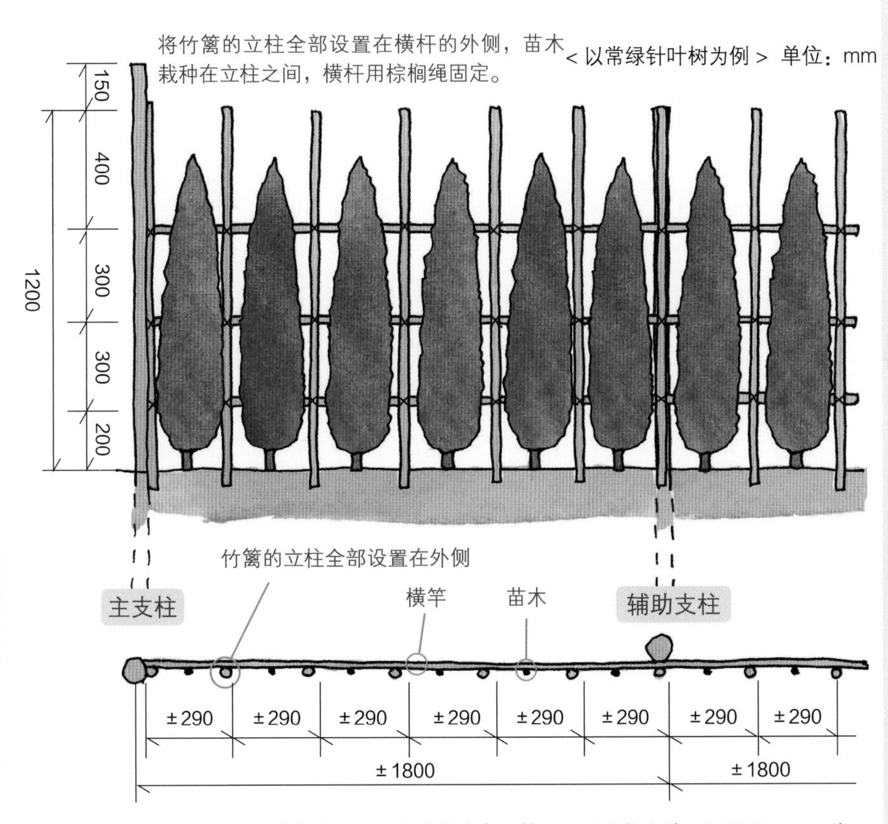

近年来，由于人们普遍希望能更快地搭建出绿篱，因此制作方法不再囿于 1.8m 种植 6 棵树的规格，而是出现了用圆竹固定两端，在 1.8m 的间距中种 4~5 棵树，甚至是 3 棵高大树木的方法。

适宜用作树篱的树种有哪些?

- 日本吊钟花的树枝细密，可用作矮树篱。
- 自由生长的龙柏会长出如火焰般蜿蜒的树冠。
- 光叶石楠中有萌芽期极美的红叶石楠，也有抗病害能力强的‘红罗宾’等品种。

其他品种：
齿叶冬青、檵木、大花六道木、水蜡、月桂、红淡比、齿叶木樨、日本小檗、棣棠花、珍珠绣线菊等。

冬季与初夏的修剪

每年在初夏与冬季修剪两次最为理想

虽然不同树种的养护方式依据生长周期和生长速度而异，但大致上，每年分别在初夏和秋冬进行一次修剪，就可以保持树木的优雅姿态。

枹栎、昌化鹅耳枥、麻栎、槭树这些构成庭院框架的树木，由于它们的生长速度快，在初夏为了控制生长需要对其进行疏剪——将若干粗枝从主干的分生处锯断。冬季则需要整体修剪，包括更新主干、从根部剪去过长的横枝、剪除无用树枝等。此外，长速快的植物中包含两种类别，一种需要将主干从下方截短进行更新，另一种可以用树干中间长出的新枝来替换主干。

控制柃木树高的修剪方法

将粗的老树干贴近地面锯断，更替为低矮的根蘖。将老枝从基部剪去，大约需要剪掉整体的 2/5。

冬季修剪

1 贴近地面锯断粗的老主干，用留下的根蘖将其替换。

2 从树干的分生处将粗的老横枝剪去。

3 将横向延伸的徒长枝剪断，让树冠更利落。

初夏修剪

1 将树冠下部较粗的老枝从树干分生处剪断。

2 将上方的老枝从分生处剪断，更换为新枝。

控制西南卫矛树高的修剪方法

剪去冒出的徒长枝、树冠内的混乱树枝和下垂枝，使树形缩小 1/3，更新主干以控制树高。

冬季修剪

1 将粗的老旧横枝从树干分生处剪去。

2 将横向蔓延的徒长枝从根部剪断。

3 上方冒出的直立徒长枝，从分生处剪断。

初夏修剪

1 将老枝从根部剪断，更替为新枝。

2 将老的主干从根部截断，以更新主干。

生长较慢的落叶树

日本小叶梣、大柄冬青、水榆花楸、琉璃白檀、腺齿越橘、青荚叶、七灶花楸、雁来红等。

日本小叶梣

生长较慢的树木往往作为庭院中的配角，用以凸显季节感。这些树木的修剪时期和修剪位置大致与长速快的树木相同，但树枝较为细小，需要修剪的地方较多。并且，由于树木生长缓慢，如果一次性剪掉大量树枝，很有可能导致树木枯萎或长势变差，因此修剪时应格外小心。

加拿大唐棣

柑橘类（柚子）

常绿树

青木、马醉木、齿叶冬青、三裂树参、柑橘类、檵木、朝鲜白檀、具柄冬青、含笑花、山月桂、光蜡树、凤榴、山茶花、茶梅等。

生长较快的落叶树

昌化鹅耳枥、野茉莉、连香树、枹栎、日本辛夷、木兰、加拿大唐棣、槭树类、西南卫矛等。

看图学修剪

落叶树的修剪

对落叶树而言，冬季的修剪是一年的起点，极为重要。应剪除整体 1/3~2/5 的树枝，将切口处理干净，在较大的切面上应涂抹愈合剂。虽说修剪以冬季的休眠期（落叶期）为主，但如果春季能对树枝加以适当整理，夏季树形将会更秀丽。

疏花鹅耳枥的春季修剪

1

冬季修剪半年过后的样子。树木变高，枝条增多略显杂乱。

2

右半边进行疏枝后的样子。接下来将进行左半边的疏枝。搭放折梯时下方的树枝会造成不便，应先行剪除。

3

整体被修剪掉了 1/3。右下角是被剪除的树枝。树高降低，树冠也更干练。树枝的减少改善了通风，但同时也保留了枝条的舒展姿态。

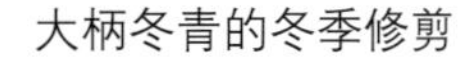

大柄冬青的冬季修剪

1

春季修剪半年过后的样子。树木变高，树枝之间彼此交错导致树形不对称。应将多根主干砍掉一根。

2

将一根较粗的主干贴近地面砍掉后的样子。左侧呈“V”形分叉的树枝中，中间树枝的后方与右侧树枝重叠，要将右侧树枝从根部剪断。

3

修剪后的大柄冬青。剪去了约 1/3 的树枝。枝条舒展，树冠整洁，树形清爽，通风良好。

针叶树的修剪

针叶树修剪的重点是要保持树形的美观。为了使树冠的形状和高度看起来更为简练，需要剪去 1/3~2/5 的树枝，但同时要让树枝根部至树梢保持流畅舒展的姿态。

日本榧树的春季修剪

1

冬季修剪半年后的样子。树木长高，树枝变密，通风差。

2

剪掉大约一半高度后的样子。之后再次修剪一圈，使其更整洁。

3

修剪后的日本榧树。剪去了约 1/3 的树枝。树高降低，树冠更利落。枝条密度降低，改善了通风。

常绿树的修剪

常绿树的修剪可以分为两类。一类是以观赏花朵、果实为主的山茶和柑橘类等树木。另一类则以观赏叶片和树形为目的，如柃木、齿叶冬青等。修剪时大约需要剪去整体枝条的 1/3。

山茶树的春季修剪

1

修剪前的山茶树（5 月上旬）。冬季修剪半年后，树木长高，枝叶茂密，通风变差。

2

从上至下修剪。首先，剪去顶部探出的树枝，调整树高。

3

而后从上至下剪掉杂乱的树枝，应从树枝根部剪除。由于花芽从树梢萌发，注意不要将留下的树枝的树梢剪断。

4

下方树枝也按相同方式修剪。如果为了修整树形而剪去了树梢，则花芽也会被一并剪去，导致山茶无法开花。

5

修剪后的山茶树。约 1/3 的树枝从根部被剪除，左下方是被剪掉的树枝。树高变低，树冠更整洁。树枝减少，通风变好，且由于保留了树梢可以正常开花。

病虫害的日常防治

病害防治

首先，购买时要选择根部没有肿瘤的健康树苗。此外，改善日照和通风。用稻草和落叶进行护根，防止土壤飞扬。霉菌引起的病害大多数容易在高湿度下滋生，因此应将杂乱的树枝剪除，改善通风条件。霉菌引起的病害占比最多，下雨时霉菌的孢子会四散，所以在下雨前一天喷洒杀菌剂可以有效预防病害。

受到病毒侵害的植株难以恢复健康，因此需要处理掉。由于细菌性疾病在发病后施药的效果不太理想，为了防止传染其他植株，也应该将其剪除。而滋生霉菌的树叶和花朵也要仔细摘除。

白粉病等容易产生抗药性的疾病，应交替施用不同种类的药剂，每次间隔 7~10 天，可以防止抗药性的产生。

蚜虫●许多树种皆受此害。以虫卵状态越冬，3 月下旬开始孵化、群居。会移动至蔷薇科树种和柑橘类等植物上，危害生长。

茶毒蛾●危害茶花和茶梅等山茶科树种。幼虫群集性危害植物。虫毛有毒。以虫卵状态越冬，幼虫一年孵化两次，分别在 4—7 月和 8—9 月。

危害地下的害虫

如果出现苗木矮小，叶色减退，叶片萎蔫、枯死等症状，可以考虑是根部或地下茎部受到了害虫破坏。在栽培前进行金龟甲和线虫等害虫的防治非常重要。金龟甲需要挖开地面进行捕杀。

危害地上的害虫

如果花、芽、新生树梢、树叶上出现害虫，应仔细施用杀虫剂，使其覆盖植物各处，也可以用刷子刷洗，或用手指掐灭害虫。茶毒蛾和美国白蛾等群集性害虫，应在其扩散前将其消灭，或者将受害的树叶或树枝全部剪除。

如果茎干、枝、果实上出现害虫，则需用专用药剂清除，或者从粪便排出的位置刺入铁丝，将害虫杀死。茎干内部一旦被蛀心虫啃食，啃食处以上的部分将全部枯萎，应将茎干剪断将其杀死。

虫害防治

首先，购买时要选择没有被啃食、没有害虫的健康苗木。蚜虫、叶螨、粉虱、蓟马、蛾子虫卵和幼虫经常藏在叶子中，要注意经常检查。叶螨类、瘿螨、粉虱类喜干燥，容易出现在雨水打不到的地方。介壳虫则容易出现在树枝交叉的地方，所以要注意改善通风。美国白蛾和茶毒蛾等从幼虫时期就开始群集性活动，所以虫子破卵后就应将其处理掉。

预防盆栽中的金龟甲

为了防止夏季植物缺水，可以在花盆下放置一个较浅的托盘，在其中存放可供植物吸收一天的水分。但要注意，如果花盆一直处于湿润状态很容易招来墨绿彩丽金龟，它们会在盆土中产卵，孵化出的幼虫会啃食植物根部。

为了应对此类虫害，以蔷薇为例，可以购买市面上售卖的金龟甲驱虫剂，用直径 1.5~2cm 的小棍子在盆中挖出小洞，深度以花盆高度的 1/2~2/3 为宜，将杀虫剂放入洞中。而喜湿的无花果树、果实可食用的浆果类和柑橘类树木，应该用细密的网布或者无纺布盖住花盆上部，防止虫子入侵。

金龟甲防治

金龟甲产卵。

酷暑时节，若是为防止干燥在托盘中存水，并且将植物放在半日照环境中的话，很容易招来金龟甲。

金龟甲无法产卵。

如果没有在盆土中放入杀虫剂，便需要用细密的网布包住花盆上部。

金龟甲危害

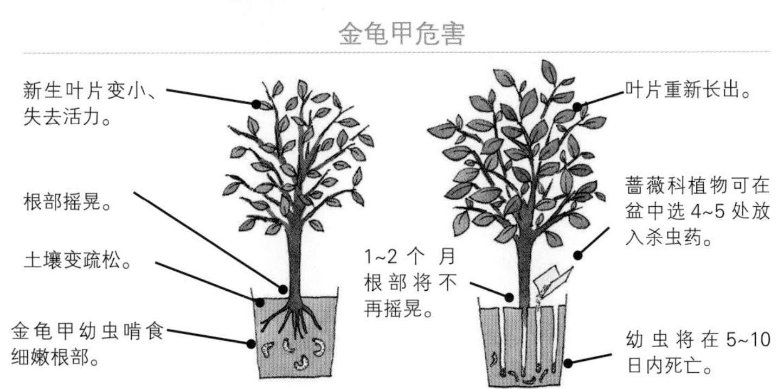

越冬和越夏的技巧

夏季预防缺水，冬季预防病虫害和冻伤

树苗栽种后的第一个夏季以及树苗扎根较浅的情况下，在夏季都很有可能发生由缺水引起的枯萎。在早晨或傍晚地面温度下降时，充分浇水以防土壤干燥。浇水时不要仅打湿土壤表面，而要让水分充分浸透根系，长时间大量浇水。如果庭院内有水渠，建议夏季定期让水在其中流动。

为了防寒、防雪、防霜，可以使用干松针、稻草斗笠等物品进行覆盖，不仅可以保护草珊瑚、朱砂根等红色果实的植物和苔藓、寒牡丹，还能为庭院增添风采。

“草席卷”是指将稻草编织的草席包裹到树干上，到春季时将草席解开并烧掉，就能将钻进草席中的害虫全部除去。

①定期让水在水渠中流动，既能为庭院保湿，也能有效预防缺水。一段时间无水流滋润的话，苔藓可能会变少。

②以夏季开花的盆栽圆锥绣球‘小皮鞭’为例。在开花前将其放置在光照充足的位置，开花后如果光照变强可以挪至半日照处，让花期更久。

③将稻草扎成斗笠状，柄朝下的叫作“倒斗笠”，在铺松针之前将其撑在地面上。柄朝上的叫作“稻草斗笠”，在“伞面”上剪开一个缺口，其中的红色浆果和寒牡丹便若隐若现，颇有风雅意趣。

Chapter 3

各类树种的生长养护日历

与自然风庭院相宜的景观树、绽放绚烂花朵的树木、苍翠欲滴的针叶树……
接下来，为您介绍各类树种的生长日历和养护方法。

- 落叶树
- 常绿树
- 针叶树

日本小叶梣

分类：木樨科 落叶小乔木 树高：10~15m 花色：白色 果实：褐色 根系：深
长势：慢 日照：全日照～半日照 干湿：干燥 栽种：3—7月、9月下旬至11月

将探出的树枝从根部剪除，大约修剪掉1/3即可。每隔几年需更替一次主干。

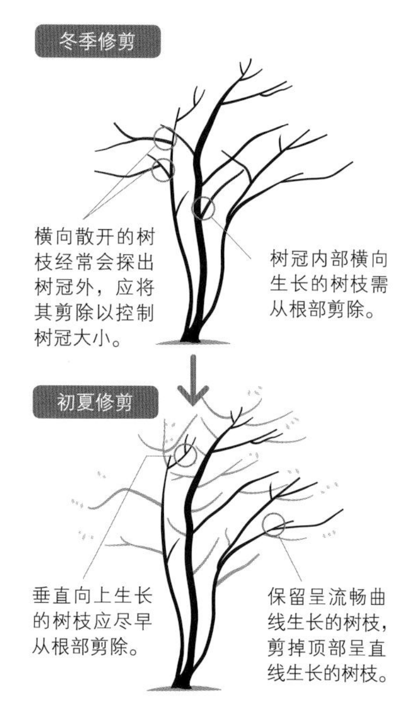

因古朴的树干和优雅的树枝而广受欢迎

由于材质坚硬且具有黏性，日本小叶梣作为棒球棍木材而广为人知。树干呈灰白色，柔韧的树枝横向延伸，颇具山野意趣。即使种植在半日照环境中，也能生长得十分茂盛。

生长速度较慢，无须剪除大量的树枝也可以保持流畅的姿态。冬季修剪时，将横向探出的树枝从距树干1/3处剪断。每过几年，保留从下方长出的萌蘖枝，将老化的主干从萌蘖枝分生处截断，用萌蘖枝取代主干。日本小叶梣耐旱，但是冬季偶尔会被积雪压断树枝，因此建议让树木呈多干形生长。初夏时节，从靠近地面新长出的萌蘖枝中选出形态优美的枝条，用它们打造出多干形的树形。

4月 5月 6月 7月 8月 9月 10月 11月 12月 1月 2月 3月
展叶 红叶 落叶期
开花 结果
修剪 修剪

昌化鹅耳枥

分类：桦木科 落叶乔木 树高：15m以上 花色：茶色（雄花）、绿色（雌花）
果实：茶色 根系：浅 长势：快 日照：半日照 干湿：适中 栽种：2—3月、10—11月

原则上需要每年将约3/5左右的长枝从根部剪除。每隔几年将旧树干截断以进行更新。

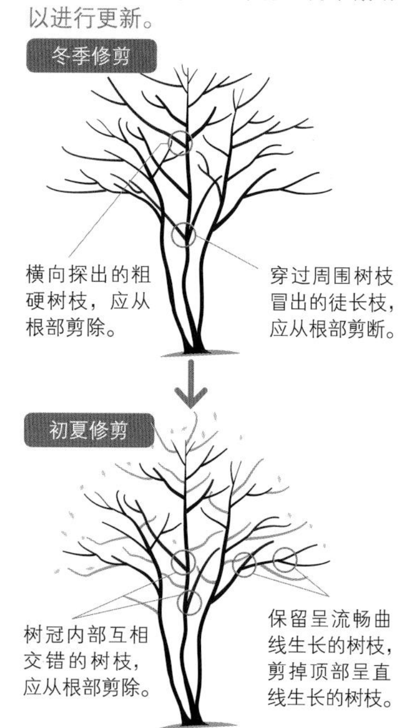

春季新绿盎然，夏季绿树成荫

花穗形状相似但新芽呈红色的称为疏花鹅耳枥。昌化鹅耳枥不具有红芽这一特征，树干为白色，树皮上的纹路独特且雅致。秋季树叶会渐变为黄色。

昌化鹅耳枥常发新枝，树叶也较多，冬季修剪时应以下方树枝为主，将长势旺盛的树枝从树干分生处剪断。生长速度较快，可以大幅度修剪，剪去整体的3/5也无妨。从树干长出的树枝也较多，可以每隔几年从较低的位置选择一根不太粗壮的萌蘖枝，将其上的主干截断以更新树干，这样可以起到缩小树冠的作用。夏季仅进行疏剪即可。

野茉莉

分类：安息香科 落叶小乔木 树高：约 10m 花色：白色、粉色 果实：灰白色 根系：浅
长势：快 日照：全日照 干湿：微湿 栽种：10—12 月、2—3 月

如星星散落般下垂的花朵

初夏时星形花朵垂落下来，花期过后将结出灰白色的椭圆形果实。果皮中富含齐墩果皮皂角苷，该成分可用于洗涤剂和驱虫剂。

长势旺盛，即使紧贴根部剪除粗壮树枝，切口附近也会冒出大量萌蘖枝。为预防此种情况发生，应该在树木尚且幼小时或者定植后立刻开始剪除树枝，免去日后需要锯断粗枝的烦恼。如遇到不得不处理粗枝的情况，则务必注意从树干的分生处将其锯断。若冒出萌蘖枝可将长势较弱的留下，并立即进行疏剪。将其栽种在半日照处，虽然开花情况会稍差一些，但更易于养护管理。

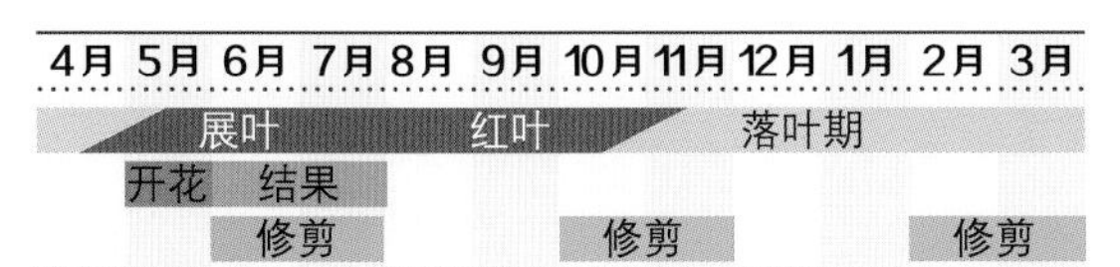

让细弱树干上长出的枝条向四方延伸。趁未长成时将树枝剪去一半，防止树枝变粗。

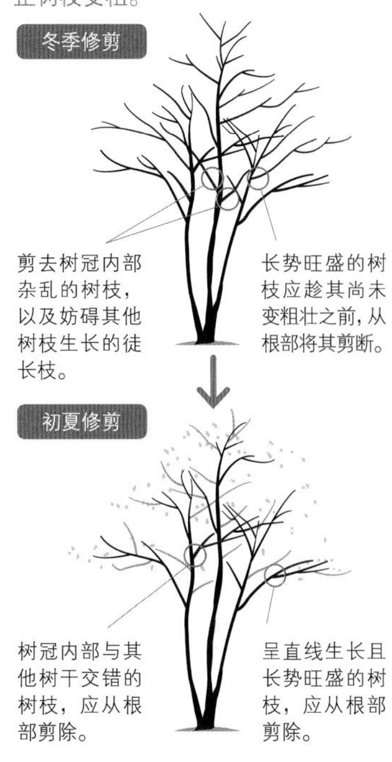

毛脉荚蒾

分类：五福花科（忍冬科） 落叶灌木 树高：1~2m 花色：白色 果实：红色
根系：深 长势：中等 日照：全日照 ~ 半日照 干湿：微湿 栽种：12 月至次年 3 月

白色小花与秋季红果颇具观赏性

春季白色小花成簇绽放，状如斗笠，可爱至极。秋季先有红色果实，而后叶色渐红，是一种四季皆具观赏性的落叶灌木。树叶为略尖的椭圆形，叶色绿，其上有清晰的脉络，干燥后略显黑色。

毛脉荚蒾较少长出强壮的树枝，因此较易于管理。冬季需将横向长出的树枝从树干处剪断。树干应数年更新一次，将粗旧的树干从贴近地面的位置截断，让下方的根蘖生长起来。

虽然没有病虫害，但注意不要让蚂蚁啃食根部。夏季尤其要小心缺水和蒸腾问题，毛脉荚蒾不善于应对高温所引起的蒸腾和透气差等问题，所以最好将其种植在半日照场所。

原则上需要每年都将长枝从根部剪除。每隔几年将旧树干截断以进行更新。

美国蜡梅

分类：蜡梅科 落叶灌木 树高：1.0~2.5m 花色：红褐色 果实：褐色 根系：中等
长势：慢 日照：全日照～半日照 干湿：适中 栽种：2月下旬至3月、11月

花色雅致，宜做茶席插花

原产于北美东部。花朵远看似黑色，实为较暗的红褐色，因其极富风韵的颜色，在茶席插花中广受欢迎，日本也称其为“香蜡梅”。初夏花开时树枝会散发出一种类似草莓的甘甜香气。

树干与树枝皆笔直生长，枝条细且挺拔。生长较慢，即使放任其生长树形也不易崩坏。老枝不易开花，因此应每隔几年就将树干从靠近地面处截断，留下新长出的根蘖，用其替换旧树干。建议不要仅保留1根主干，而是用约5根主干构成多干形树形。横向探出的较长徒长枝应从树干分生处剪除。盛夏时注意缺水问题。

4月	5月	6月	7月	8月	9月	10月	11月	12月	1月	2月	3月
	展叶				红叶			落叶期			
开花											开花
		修剪							修剪		

让根蘖生长构成多干形，将旧树干贴近地面截断，留下新的枝干。剪除较强壮的徒长枝。

日本辛夷

分类：木兰科 落叶乔木 树高：8~10m 花色：紫色、白色 果实：红色 根系：深
长势：快 日照：全日照 干湿：干燥 栽种：栽种：12月至次年2月

在高高的天空中盛开的报春花

在展叶期到来前的3—4月，日本辛夷会绽放芬芳的白色花朵。花朵下有一小片叶子，与其十分相似的柳叶木兰则无叶，这是用以区分两者的显著特征。果实为聚合果，秋季成熟变红，形似握起的拳头。由于成熟期的树木移植起来十分困难，所以要慎重选择栽种位置。此外，木兰科中的另一品种星花玉兰也很有人气，植株较矮，开花情况也较好。

日本辛夷很少生出细小的萌蘖枝，因此可以直接将多余的树枝剪掉。尽量维持叶片数量不变，长出多少新枝，便相应地剪除多少老枝，从树干分生处修剪。无须施肥。如果不想树木长得太大，可以选择栽种星花玉兰，将全树约2/5长势旺盛的树枝从根部彻底剪除即可。

4月	5月	6月	7月	8月	9月	10月	11月	12月	1月	2月	3月
	展叶				红叶			落叶期			
开花					结果						
	修剪								修剪		

由于枝干笔直生长，所以要从根部剪除。以徒长枝为主剪去2/5左右的树枝。

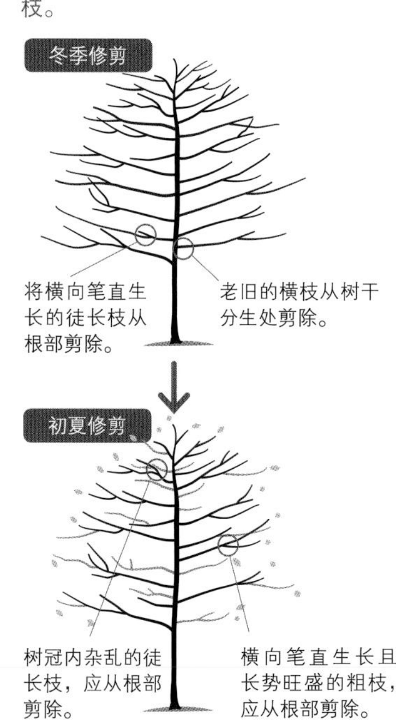

石榴

分类：石榴科 落叶小乔木 树高：5~7m 花色：红色、白色、黄色 果实：红色
根系：深 长势：快 日照：全日照 干湿：干燥 栽种：12 月至次年 3 月

果实熟透开裂，红红的种子悄然露出

石榴中既有用于观赏的“花石榴”，也有可以收获果实的“果石榴”，以及果实较小的矮生品种“月季石榴”。

石榴树上有各类树枝，徒长枝、向上和向内生长的树枝，都要从根部剪除。

石榴经常萌发萌蘖枝，如果从低处长出姿态优美的萌蘖枝，并且长势不是过于旺盛的话，可以考虑将其留下，用以更新主干。同样，此树也经常长出根蘖，可以每隔几年留下 1~2 根，逐渐替换掉主干。

初夏时，可以对徒长枝和根蘖从根部进行疏剪。

在日照和通风较差的环境中，石榴可能感染白粉病或招致介壳虫和蚜虫。修剪有利于改善通风和日照情况，可有效预防病虫害。

4月	5月	6月	7月	8月	9月	10月	11月	12月	1月	2月	3月
展叶					红叶		落叶期				
	开花				结果						
		修剪					修剪				

石榴树上会长出粗枝、细小徒长枝等各类枝条。修剪时，以剪掉破坏树形的树枝为主，将 2/5 的树枝从根部剪除。

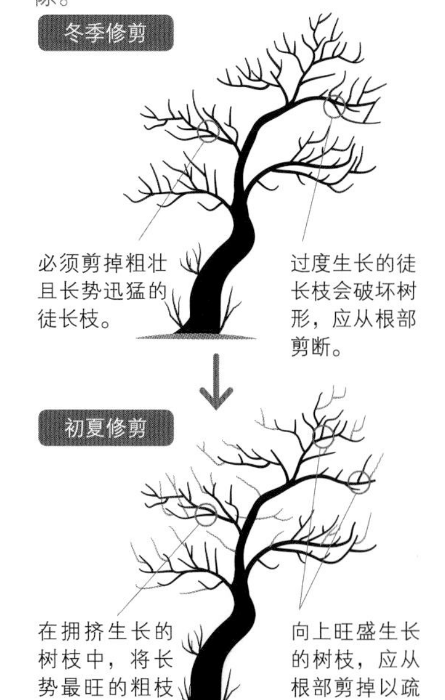

专栏

神秘的迷人花朵——拟日本辛夷

拟日本辛夷（*Magnolia pseudokobus*），木兰科，于 1948 年在日本德岛县相生町被发现，发现时仅有 1 株，现已处于野外灭绝状态。花大型，呈成碗状开放，向上垂直生长的枝条不开花，横枝上开有硕大的优美花朵。为匍匐性灌木，因此在日本也被称为“匍匐日本辛夷”。

不过，近年美国所繁育的星花玉兰的杂交种中，出现了大量类似于洛氏木兰（*Magnolia × loebneri*，在自然界产生的杂交品种）的优美花朵。木兰科植物中今后将出现更多备受瞩目的珍稀花朵。

拟日本辛夷（匍匐日本辛夷）的花朵

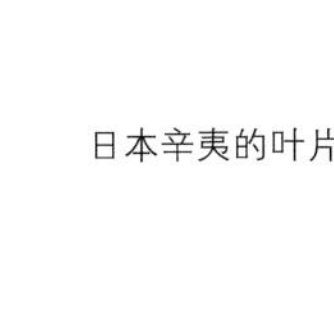

在美国培育出的栽培种
①木兰‘柳木’
②木兰‘双石’
③星花玉兰‘唐娜’

木兰科树木的叶片

日本辛夷的叶片
玉兰的树叶

‘唐娜’、‘柳木’、‘双石’的叶片与星花玉兰相似
拟日本辛夷的叶片略大于日本辛夷

紫薇

分类：千屈菜科 落叶乔木 树高：5~10m 花色：白色、粉色、红色 果实：茶色
根系：深 长势：快 日照：全日照 干湿：偏湿 栽种：3月至4月上旬

长久绽放的绚烂花朵

紫薇原产于中国南部，粉色、白色、红色的柔美花朵从盛夏绽放至秋季。由于花期长，因此也被称为“百日红”。

树皮呈茶褐色且略为光滑，纹路较为独特。如果为了赏花而剪掉树梢，会导致枝干上长出树瘤。让枝条自然生长并不会导致花朵过于旺盛，反而可以欣赏到枝条的优雅线条与姿态可人的花儿。无须进行强修剪，只需将徒长枝从根部砍掉，然后剪除老旧和凌乱的树枝，大致剪掉 1/2 即可。

如果忽视修剪，植株开花将不均匀，并且会出现隔年开花的现象。每隔数年，将萌蘖枝保留下来并剪掉老枝，为新枝让路。

只剪树梢的话会长出树瘤，所以应从根部将树枝剪断。以修剪凌乱的树枝为主，剪掉约半数树枝。

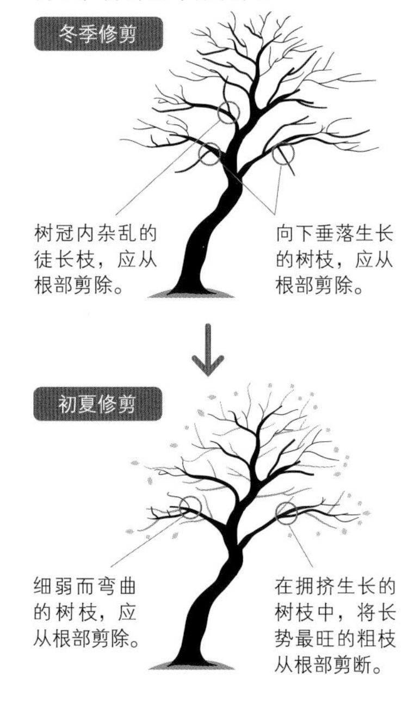

琉璃白檀

分类：山矾科 落叶灌木 树高：2~4m 花色：白色 果实：蓝色 根系：深 长势：慢
日照：全日照 ~ 半日照 干湿：偏湿 栽种：2—3月、9—10月

初夏花蕾似白雪，秋日果实胜琉璃

琉璃白檀喜欢略微湿润的环境，例如半日照处或者透着阳光的树下。初夏时节，枝头会盛开如泡沫般的白色小花，秋季则结出蓝色的果实。

琉璃白檀经常会出现树干倾斜生长、树枝倒向一侧的情况，所以修剪时应该考虑到树的轮廓，在倾斜的一侧剪除更多的树枝。

将老树干贴近地面砍断，用下方长出的根蘖代替。修剪掉半数树枝以进行更新，但如遇到树枝生长缓慢的情况，可以将密集的树枝从树干分生处砍去，再将徒长枝轻轻去除。初夏只需将徒长枝和多余的根蘖剪除即可。

将老树干贴近地面锯断。用下方长出的根蘖替换半数树枝，将杂乱的树枝从树干分生处剪除。

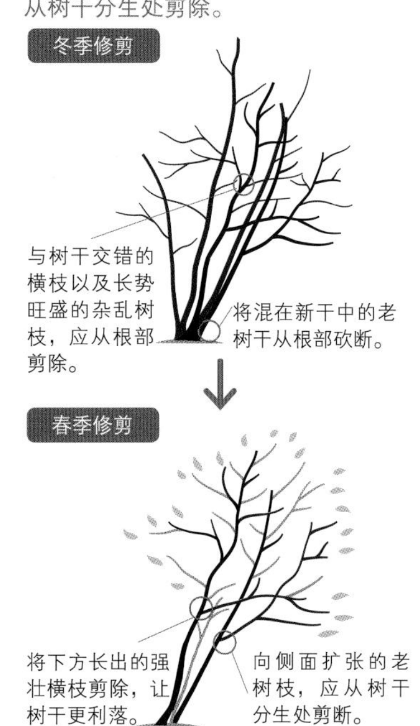

山茱萸

分类：山茱萸科 落叶小乔木 树高：5~15m 花色：黄色 果实：红色 根系：适中
长势：快 日照：全日照 干湿：适中 栽种：12 月至次年 2 月

早春，黄金花朵挂满枝头

天气尚且寒冷、树叶还未展开之时，枝头便绽满黄色小花。当其盛开之际，整棵树都仿佛散发着金色的光芒。

由于树枝近乎横向生长，稍不注意，枝条就将扩散开来。定期修剪植株使其缩小一圈，每隔几年将开花较差的老枝从根部剪断，促进新枝生长。此树常发根蘖与萌蘖枝，可以选择长势不强且柔韧的枝条将其留下，而根蘖应全部剪去。初夏花季过后新芽开始生发，此时可以将密集、细弱或枯死的树枝从分生处剪断。让内部的枝条也充分地享受阳光，次年花会开得更好。

4月	5月	6月	7月	8月	9月	10月	11月	12月	1月	2月	3月
		展叶			红叶			落叶期			
					结果					开花	
	修剪							修剪			

因树枝横向蔓延生长，应以修剪横向的徒长枝为主，剪去约 1/3 的枝条。

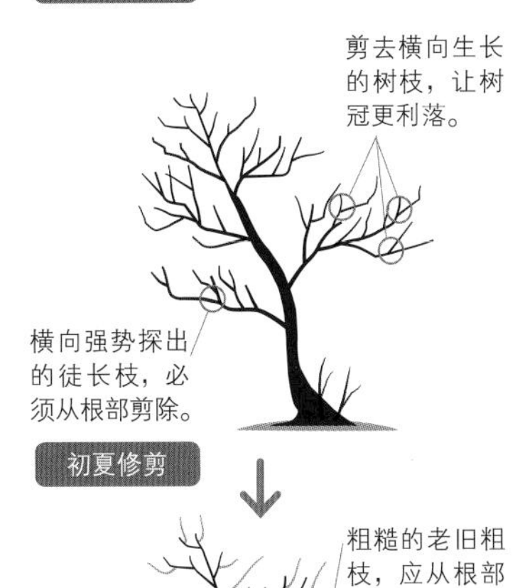

加拿大唐棣

分类：蔷薇科 落叶灌木或小乔木 树高：3~10m 花色：白色 果实：红色 根系：适中
生长：慢 日照：全日照 干湿：适中 栽种：3 月中旬至 4 月下旬、10 月中旬至 11 月

盛开于枝头的纯白花朵与酸甜可口的红色果实

春日，清秀的白色花朵开满枝芽。初夏，红色的果实成熟，味道酸甜可口，可做成果酱或果酒。叶片呈椭圆形，温柔纤细。新芽和夏季的绿荫又给人以清爽之感。秋季树叶会变为红褐色。树干较为光滑，同为红褐色。

常发小细枝，因此需将树冠内杂乱密集的树枝从基部剪去，留下较细的枝条，使树枝量减少 1/2。多余的树干和树枝要从分生处彻底剪断。每隔几年，从低处将主干截断从而控制树木高度。

没有较严重的病虫害，但通风或排水情况差时容易患白粉病。注意防范蚂蚁啃食树根。

4月	5月	6月	7月	8月	9月	10月	11月	12月	1月	2月	3月
		展叶			红叶			落叶期			
开花		结果									开花
		修剪							修剪		

由于经常抽枝，所以每年应将约 1/2 的树枝从根部剪除，并且每隔几年就将树干截短让其重新生长。

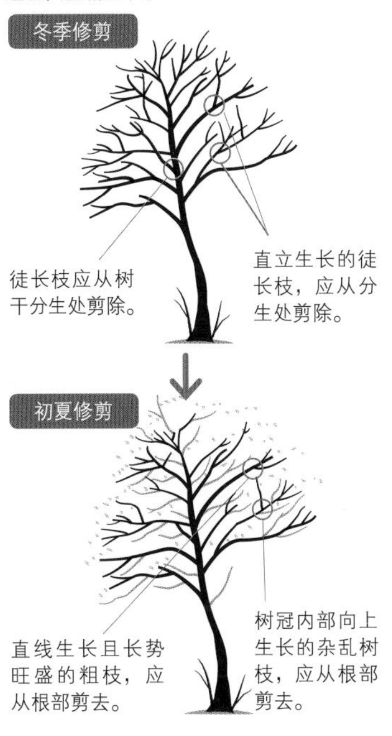

垂丝卫矛

分类：卫矛科 落叶灌木 树高：2~5m 花色：淡绿色 果实：红色 根系：浅
长势：快 日照：全日照 ~ 半日照 干湿：微湿 栽种：2—3 月、10—11 月

低垂的花朵与摇晃于枝头的果实

初夏，叶腋生出的淡绿色小花悠悠垂下。枝条纤细柔弱，清爽可人。秋季会结出直径 1cm 左右的红果子，假种皮裂成五瓣后，包裹在其中的种子便会探出头来。

将生长强壮的下方树枝贴近树干剪除，并将树冠内拥挤的树枝除去，大约剪去 1/3 树枝，不要让树叶过于茂密。如果主干生长过高，可以将其截短，让萌蘖枝取而代之。将老树干从地面截断，用从根部长出的根蘖代替其生长。

病虫害方面，需注意新芽和开花时节的蚜虫，以及啃食根部的蚂蚁。2 月可以少量施用有机肥等冬肥。

4月	5月	6月	7月	8月	9月	10月	11月	12月	1月	2月	3月
		展叶			红叶			落叶期			
	开花	开花				结果					
		修剪	修剪					修剪	修剪	修剪	

将下方树枝贴近树干剪掉，以修剪杂乱的树枝为主，将全树修剪掉 1/3。保留根蘖，将主干从低处截断。

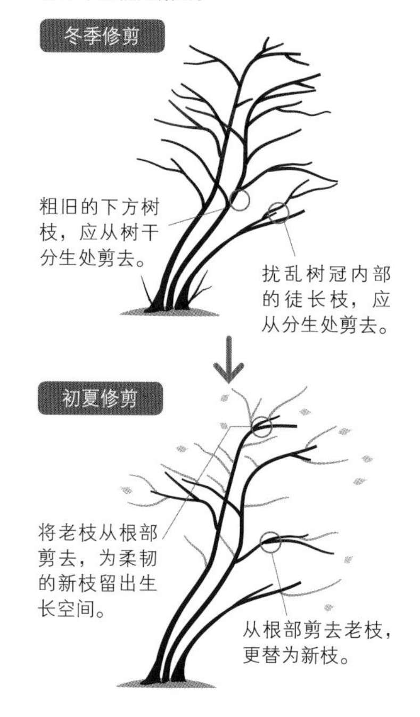

腺齿越橘

分类：杜鹃花科 落叶灌木 树高：1~3m 花色：白色 果实：黑色 根系：浅 长势：慢
日照：全日照 ~ 半日照 干湿：适中 栽种：10 月中旬至 11 月、3 月下旬至 4 月上旬

四季迷人的“庭院树女王”

腺齿越橘的树叶在夏末就先人一步开始转红，因具与野漆树一样的红叶，日本也称其为“夏野漆”。其树形简练，姿态多样的枝条与纤细的树叶互相衬托，初夏之前新长出的树叶会略泛红色。

需修剪掉不足 1/3 的树枝，徒长枝应从根部剪除。每隔几年，从低处将树干截断，促进萌蘖枝生长。或者用姿态优雅的根蘖来更替主干。病虫害方面需要注意天牛和卷叶虫，一旦发现应迅速捕杀。肥料方面，可以在 1—2 月施用少量的固体肥料作为冬肥。由于该树较怕缺水，为了顺利度过栽种后的第一个夏季，应早晚各充分浇水一次。

4月	5月	6月	7月	8月	9月	10月	11月	12月	1月	2月	3月
		展叶			红叶			落叶期			
	开花	开花			结果						
		修剪	修剪					修剪	修剪	修剪	修剪

以修剪徒长枝和杂乱树枝为主，将 1/3 不到的树枝剪去。每隔几年需利用萌蘖枝或者根蘖更新一次树干。

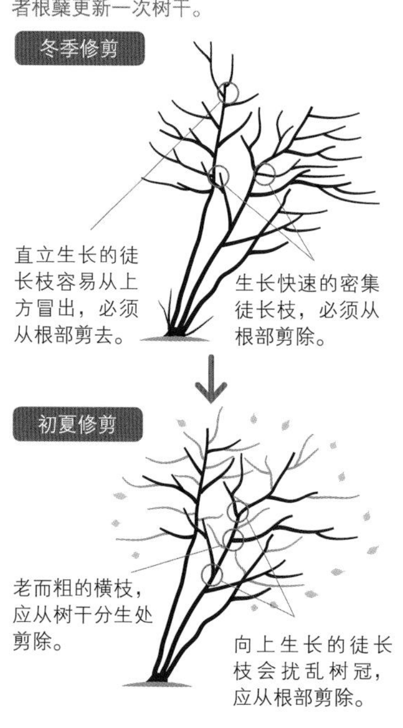

梣叶槭

分类：无患子科（槭树科） 落叶乔木 树高：10~30m 花色：茶色 果实：茶色
根系：深 长势：快 日照：全日照 ~ 半日照 干湿：适中 栽种：12 月至次年 1 月

叶片分明的白色斑纹与欧式建筑甚是相衬

原产于北美的落叶乔木，主流树种的树叶上嵌有白色或黄色的斑纹。市面上流通较多的是‘弗朗明戈’，其新叶略带粉色，夏季会变为白色斑纹。这类有斑纹的品种，夏日叶色清凉，秋日略染红色，与欧式住宅甚是搭配。

梣叶槭喜欢日照良好、排水良好的适度湿润环境，日照不充足会影响叶片斑锦的美观度。修剪重点是要保持自然的树形。生长快且长势十分旺盛，因此应留下细枝，将粗硬的徒长枝从树干分生处剪断。可以剪去 1/3 以上的树枝。天牛幼虫喜欢寄生于此植物，故应仔细观察树干上是否有孔洞、孔洞周围是否有锯末等。

每年，将大树枝从树干分生处砍除。每隔几年，砍除旧树干令其重新长成干练的树形。

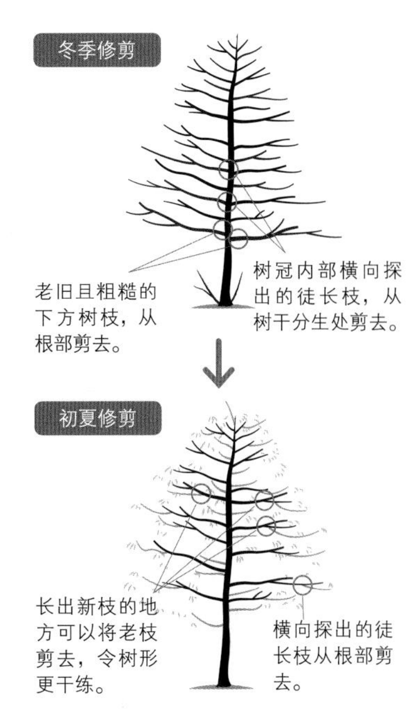

圆锥绣球

分类：绣球花科（虎耳草科） 落叶灌木 树高：2~5m 花色：白色 根系：浅 长势：快
日照：全日照 ~ 半日照 干湿：微湿 栽种：2 月中旬至 3 月、10 月中旬至 11 月

小房子般的白色花团，让人在夏季联想到冰雪

盛开于夏季的白花极富清凉感。树皮中所富含的黏液可用作和纸制作中的胶水。由于茎中空，日本称其为“糊空木”（译者注：日语中“糊”为胶水之意）。在绣球中体形最大，适宜种植在乔木和中型灌木之间。

将较大的徒长枝从树干分生处剪去，并将下方的树枝去除，大约剪去全树的 1/3。从地面长出的根蘖会分蘖然后变大，如果出现多个根蘖应在密集的部分进行疏枝，留下姿态优美且未过度生长的枝条。几年后当其成长起来，可以将老树干贴近地面砍去以更新主干。

大约 10 月结束前应将残花摘去。1—2 月和 6—7 月应在土壤表面放置少量固体肥料。

剪去约 1/3 徒长枝和下方树枝。留下部分根蘖以更替主干，几年后便可以砍去老树干。

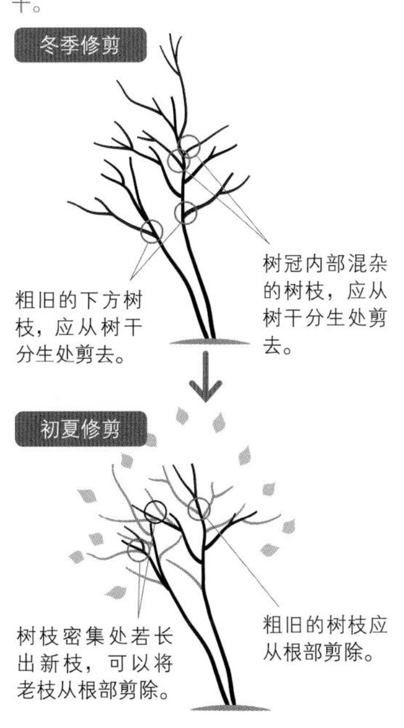

垂丝海棠

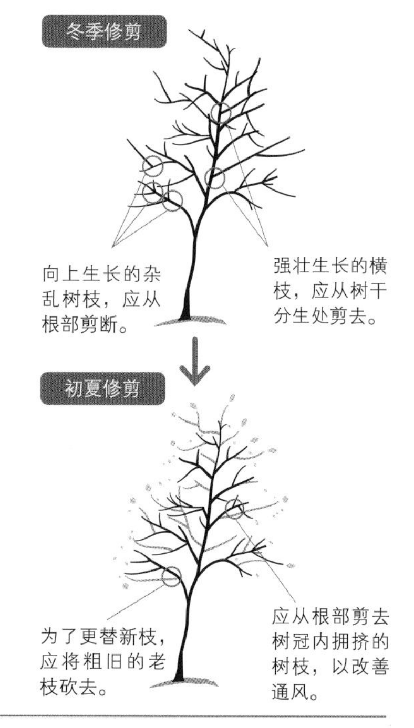

分类：蔷薇科 落叶小乔木 树高：5~8m 花色：粉色 果实：茶色 根系：深 长势：快 日照：全日照 干湿：适中 栽种：3 月下旬至 4 月上旬、10 月中旬至 11 月

如樱桃般可爱的低垂花朵

无论是花蕾还是绽放后如樱桃般的花朵都无比可爱，垂丝海棠极易开花，花朵繁多到几乎缀满枝头。

在 11 月至次年 3 月剪除无用的树枝，6 月中旬则将突兀探出的徒长枝、老枝、树冠内部的内向枝和直立枝从基部剪除。一次性剪去大量树枝的话，新枝会爆发性地生长出来，因此尽量将每次的修剪量控制在全树的 1/3 左右。

为了能年年赏花，应每年施两次肥，分别是 2 月的冬肥和 5 月的礼肥。轻轻地抓一小把缓释复混肥料，将其施用在离根部稍远的地方。垂丝海棠怕高温和干燥，夏季缺水将对其造成致命伤，有必要在早晨或傍晚充分为其浇水。注意防范天牛。

4月	5月	6月	7月	8月	9月	10月	11月	12月	1月	2月	3月
展叶	展叶	展叶	展叶	展叶	红叶	红叶	落叶期	落叶期	落叶期	落叶期	落叶期
开花	开花					结果					
		修剪	修剪				修剪	修剪	修剪	修剪	修剪

四照花

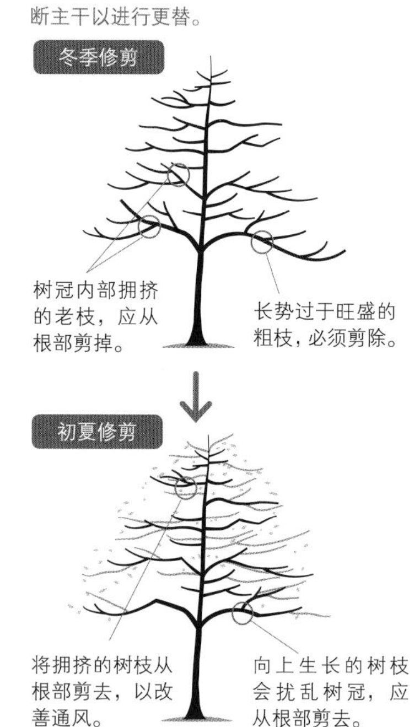

分类：山茱萸科 落叶乔木 树高：5~12m 花色：白色、粉色 果实：红色 根系：深 长势：中等 日照：全日照 干湿：适中 栽种：3 月下旬至 4 月上旬、10 月中旬至 11 月

初夏可赏秀丽花朵，秋季能观果实、红叶

与夏椿、枹栎、日本小叶梣一起栽种，可以凸显树干质感，互为衬托。

看似花瓣的部分实际为总苞，其中心聚集着大量的小花。秋天的红叶十分美丽，红色的果实也具有观赏价值。

树枝横向生长，所以应将探出树冠的徒长枝从根部剪去，需剪去 2/5 左右的树枝。无用的树枝应在 1 月中旬至 3 月中旬剪除，不过由于树枝生长较快，可以在 6—7 月或 9 月中旬至 10 月中旬再次修剪。利用好萌蘖枝，每隔几年便将主干从低处截断，缩小树冠。

需注意两点，一是小枝容易枯死，二是易患白粉病。

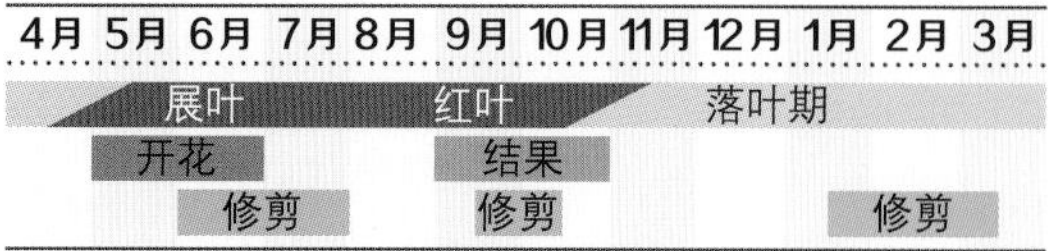

桃树

分类：蔷薇科 落叶小乔木 树高：5~8m 花色：粉色、白色、红色 果实：粉色 根系：深 长势：快 日照：全日照 干湿：适中 栽种：2月、12月

代表春天的绚烂花朵，自古以来广受喜爱

以赏花为目的的桃树中有各种各样的俊秀品种，除粉色外，还有白色、红色以及红白交错的花朵，也有花形类似菊花的品种。

随着树龄增大，发芽能力会变弱，将树枝修剪得过短可能会无法长出新枝。栽种后趁树木尚且年幼之时，剪去徒长枝留下细枝。每隔几年，将略微变老的树枝从根部剪去，让枝条保持柔软的姿态。在剪去略微粗壮的树枝之后，应在创面涂抹愈合剂，否则细菌很容易侵蚀切口。

常见的病虫害包括蚜虫和介壳虫，一旦发生后很难彻底驱除。冬天用机油乳剂喷施在树木所有部位，可以减轻未落叶时期的受灾风险。

4月	5月	6月	7月	8月	9月	10月	11月	12月	1月	2月	3月
		展叶			红叶			落叶期			
开花	结果										开花
			修剪					修剪			

在树木年幼之际更新树枝。生长速度快，经常出现强壮的徒长枝，剪掉约2/5的树枝也无妨。

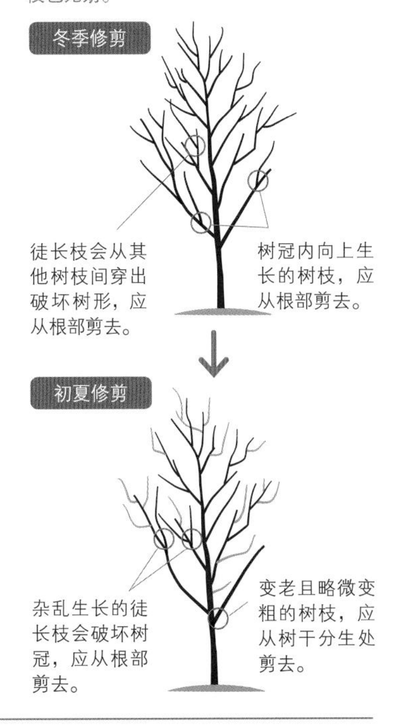

流苏树

分类：木樨科 落叶乔木 树高：15~20m 花色：白色 果实：黑色 根系：深 长势：中等 日照：全日照～半日照 干湿：干燥 栽种：3—4月、9月下旬至11月

盛开簇簇白花

雌雄异株，初夏白花簇簇盛开，将枝条覆盖起来。

喜欢光照好且略潮湿的土地。虽然植株生命力旺盛又容易养护，但在干燥的环境下很难茁壮生长。

流苏树的自然树形不太理想，虽然树枝柔韧但生长速度较快，应将强壮的树枝从基部剪掉，使树枝量减少2/5左右。如果剪去树梢，枝条姿态将被破坏。在树木较小时，1—2月可以在根部施用少量固体肥料。长势旺盛加上施肥过量会致使树形凌乱，应多加注意。流苏树的优点是没有明显的病虫害。

虽然树枝柔软，但经常出现强壮的树枝。切忌修剪树梢，每年应从树干分生处剪去2/5的树枝。

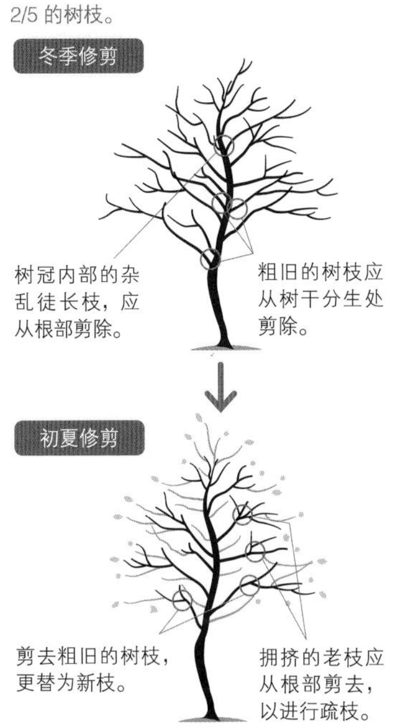

日本紫茎

分类：山茶科 落叶小灌木 树高：5~8cm 花色：白色 果实：茶色 根系：深 长势：中等 日照：全日照至半日照 干湿：适中 栽种：3月下旬至4月上旬、10月中旬至11月

绽放于梅雨季节的白色小花与雅致的树干肌理

夏椿的近缘种，花略小一圈，朝开夕落寿命短暂。树干呈红褐色，树皮剥落形成独特而雅致的斑驳纹理，纤细的枝条构成了错落有致的灌木姿态。梅雨时节盛开的白色小花分外有风情。

适宜生长于山地湿润土壤处。虽说长势略逊于夏椿，但修剪时若未紧贴根部剪除，即使仅留一点残枝，也会从切口处冒出大量细枝，因此请务必紧贴树干进行修剪。大约需剪去1/3的树枝，但注意不要剪掉树梢。注意防范茶毒蛾，触碰到毛刺或者其褪下的皮都会起斑疹。

4月	5月	6月	7月	8月	9月	10月	11月	12月	1月	2月	3月
展叶					红叶		落叶期				
	开花		结果		果实成熟期						
			修剪				修剪				

从树干分生处将主枝修剪掉1/3左右。让萌蘖枝和根蘖生长起来，每隔数年更替一次旧枝。

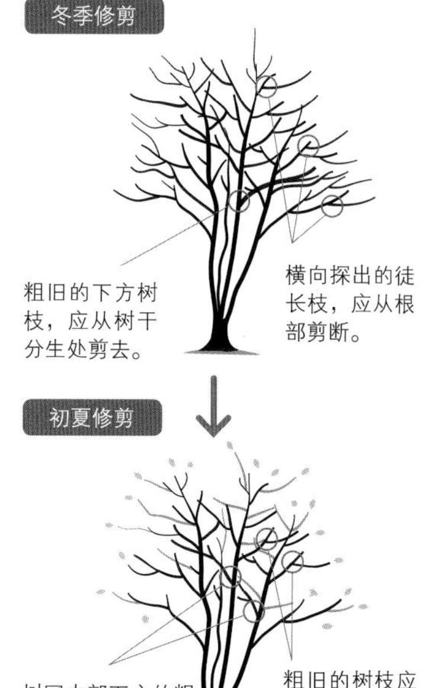

双花木

分类：金缕梅科 落叶小乔木 树高：3~5m 花色：深紫红色 果实：茶色 根系：深 长势：中等 日照：全日照～半日照 干湿：适中 栽种：2月下旬至3月上旬、10—11月

独特的圆叶与星形花朵

10—11月树叶开始飘落，星形的深紫红色小花也开始绽放。树叶会由黄转红，颇为悦目，能同时观赏红叶与花朵是其魅力之一。枝条柔软易于打理。以强壮的徒长枝为主，将1/3左右的树枝从分生处剪断。

放任不管的话可生长至5m高。如果想控制高度，可以留下萌蘖枝，沿着位置较低的树枝基部将树干截断。或者在地面长出的根蘖中，留下形态良好的树枝以更新主干，而老树干可以贴近地面砍断。每隔几年就留下部分用于替换主干的根蘖。易遭天牛侵袭，应多加注意。

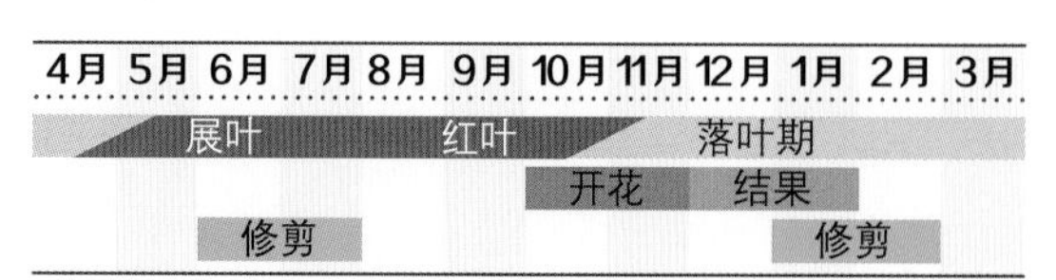

以横向探出的徒长枝为主，将1/3左右的树枝从分生处剪断。每隔几年需截断主干以进行更新。

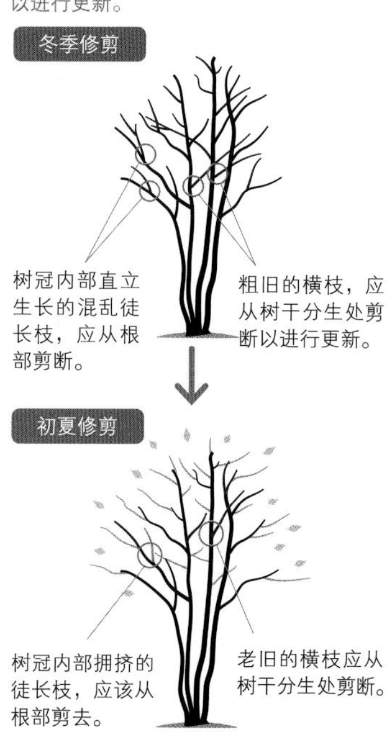

日本金缕梅

分类：金缕梅科 落叶小乔木 树高：5~10m 花色：黄色、橙色、深红色 果实：茶色
根系：深 长势：中等 日照：全日照 干湿：适中 栽种：2月下旬至3月上旬、10—11月

春季最先盛开的黄色花朵

生于山地斜坡或林中，是春季最先绽放的花朵，布满枝头的黄花极富魅力。花季过后，白色枝干上会长出茂密的绿色圆叶。

生长速度不是很快，因此可根据侧枝的自然线条来修整树形。横向生长的强壮徒长枝应从树干分生处剪除，剪去约1/3的树枝进行疏枝。选择留下部分萌蘖枝，每隔几年，将主干截短以进行更新。

在植株幼小时，应在2月和4—5月在土壤表面放置少量固体肥料。

日本金缕梅怕酸性雨水，易受天牛侵蚀，应多加注意。

4月	5月	6月	7月	8月	9月	10月	11月	12月	1月	2月	3月
	展叶				红叶			落叶期			
结果		果实成熟期								开花	
		修剪							修剪		

将横向探出的徒长枝等枝条剪去1/3，注意应从树干分生处剪除。每隔几年将树干截短以进行更新。

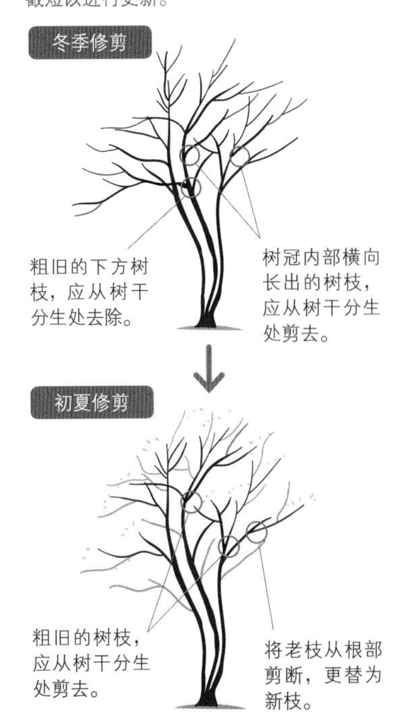

枫树类

分类：无患子科（槭树科） 落叶乔木 树高：20~30m 花色：红色 果实：茶色
根系：深 生长：快 日照：全日照～半日照 干湿：适中 栽种：11—12月

代表秋季的典型杂木

谈到枫树人们经常会联想起日式庭院，但实际上枫树春季抽芽时的景致、夏季的清凉绿荫，与欧式庭院也十分相配。枫树作为构成杂木庭院的主力树种十分受欢迎。

七角枫及其变种山枫的树叶颜色变化非常赏心悦目，既可以用其构建庭院的框架，也可以种植在玄关周围或建筑物附近以增加观赏性。

可以将强壮的树枝从树干分生处剪断，使树枝减少1/3左右。在落叶前修剪粗枝，会有树液流出进而导致植株长势变弱，所以应谨慎选择修剪时间。粗枝的修剪应在树木完全休眠后进行，且应在切面仔细涂抹愈合剂。

需注意天牛和木蠹蛾等病虫害。

粗枝的修剪应在落叶后完全进入休眠期时进行，将徒长枝等从根部剪去，使树枝量减少1/3。

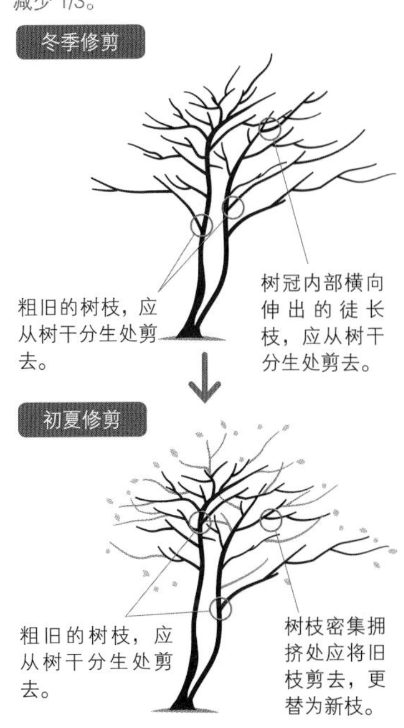

日本四照花

分类：山茱萸科　落叶乔木　树高：5~10m　花色：白色、粉色　果实：红色　根系：深
长势：中等　日照：全日照　干湿：适中　栽种：3 月下旬至 4 月上旬、10 月中旬至 11 月

初夏时节绽放宛如积雪般的白花

生长于日本本州岛以南的山地，初夏时节会盛开出宛如积雪般的白花，因而颇具人气。总苞形似花瓣，中心开有大量小花。

秋季结出的红果可以食用。近缘的花水木在光照差的地方无法开花，但日本四照花却具有一定的耐阴性。可以与夏椿、枹栎、日本小叶梣组合种植，互为衬托。

1 月中旬至 3 月中旬将无用枝剪去。如果长势旺盛、树枝快速伸长，可以在6—7月或者 9 月中旬至 10 月中旬再次修剪。如果树枝横向散开生长，可以将全树 2/5 左右的徒长枝从根部剪除。

每隔几年便可将主干截断，利用萌蘖枝来更新，缩小树冠体积。

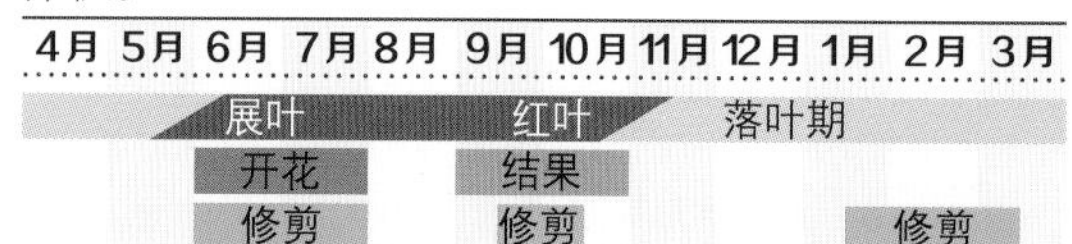

4月	5月	6月	7月	8月	9月	10月	11月	12月	1月	2月	3月
	展叶				红叶		落叶期				
		开花			结果						
		修剪			修剪				修剪		

由于树枝横向散开，应将全树 2/5 以上的徒长枝从根部剪去。每隔几年将主干截断，用萌蘖枝来重新更替树枝。

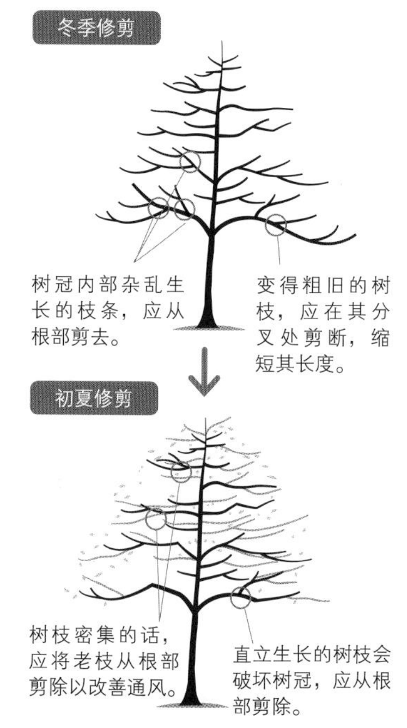

欧丁香

分类：木樨科　落叶灌木　树高：3~7m　花色：紫色、白色、红色、紫红色、蓝色　果实：褐色　根系：适中　长势：快　日照：全日照　干湿：偏干　栽种：10 月至 3 月上旬

散发着甘甜香气的紫色花朵，广受青睐

耐寒性强，是北方地区颇具代表性的花树。4—5 月开花，花朵在枝头成簇绽放，芳香四溢。花色繁多，有诸如紫色、白色、淡粉色、淡紫色等。

粗枝一旦剪断就会枯死，应趁树枝尚未老化前尽早修剪，并在切面涂抹愈合剂。若想保持干练的树形，应该在花期过后迅速将略粗的老枝从根部剪掉，并以强壮的树枝为主，剪去 1/4 的树枝。冬季修剪时，应去除枯萎或受伤的树枝，并将杂乱的树枝从根部剪去。

在温暖地区的欧丁香经常受天牛和蝙蝠蛾侵蚀。若在根部发现锯末状粉末，或者树干上出现孔洞，应立刻驱虫。

4月	5月	6月	7月	8月	9月	10月	11月	12月	1月	2月	3月
	展叶				红叶		落叶期				
开花											
		修剪							修剪		

花季过后，立即将旧枝和徒长枝从根部剪除，大约需剪去 1/4 的树枝以进行更替。注意在切面涂抹愈合剂。

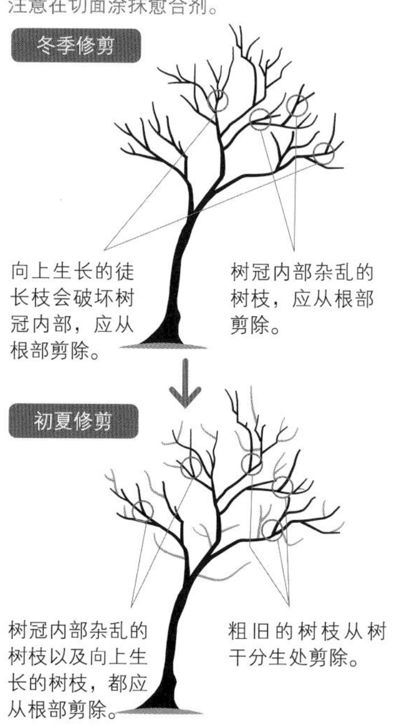

利休梅（白鹃梅）

分类：蔷薇科 落叶灌木 树高：2~4m 花色：白色 根系：浅 长势：中等
日照：全日照 干湿：适中 栽种：2 月下旬至 3 月、10 月下旬至 11 月

开满枝头的清秀白花，作为茶席插花颇有人气

春季枝条萌芽的同时花朵便会绽放，白花缀满枝头十分华丽。初夏鲜嫩的黄绿色叶片与白花相衬，更显雅洁。

利休梅是明治时期从中国传到日本的品种，名字取自茶道家千利休，其作为茶席插花颇有人气。与日式或西式庭院都很相称。

放任其生长的话可长至 4m 高，因此建议每年剪掉全树 1/2 的树枝，保持树高在 2m 左右。顶端粗糙的老枝上即使开着俏丽的花朵也并不美观，应及时修剪。为了减少树枝数量，让其更加疏密有致，需剪掉下方树枝，并将树冠内的徒长枝从根部剪断。

初春发芽时易生蚜虫，注意病虫害。

4月 5月 6月 7月 8月 9月 10月 11月 12月 1月 2月 3月
展叶 红叶 落叶期
开花
修剪 修剪

修剪下部树枝，将树冠内部的徒长枝从根部剪断，剪掉整棵树约 1/2 的树枝。

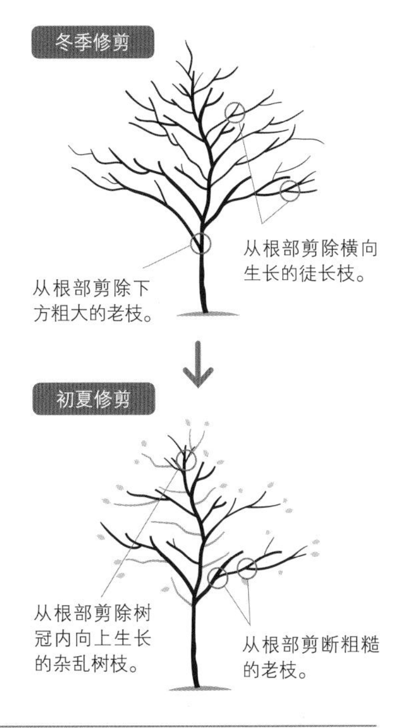

蜡梅

分类：蜡梅科 落叶灌木 树高：2~4m 花色：黄色 果实：褐色 根系：浅
长势：快 日照：全日照 干湿：皆可 栽种：11 月至次年 2 月中旬

仿佛半透明蜡制品般的精致花朵与甘甜芳香

蜡梅盛开于早春花朵尚且寥寥无几之时。与梅花相似，有一股清幽的香气。蜡梅的花瓣根部泛红，但素心蜡梅的花朵则全部为黄色，有种清丽梦幻之感。树枝呈直线状，略欠风雅气度。

蜡梅适宜全日照，也可适应半日照，不过花朵长势会稍差一些。

放任其生长的话可长至 4m 高。应将 1/3 的粗糙老枝从根部剪断，选择新生的柔软枝条让其继续生长。留下俊秀的根蘖，几年后便能取代主枝。蜡梅扎根需要 3 个月，在此期间应注意缺水问题和风力造成的摇晃，一旦扎根后枝干强壮很易养活。病虫害不多。

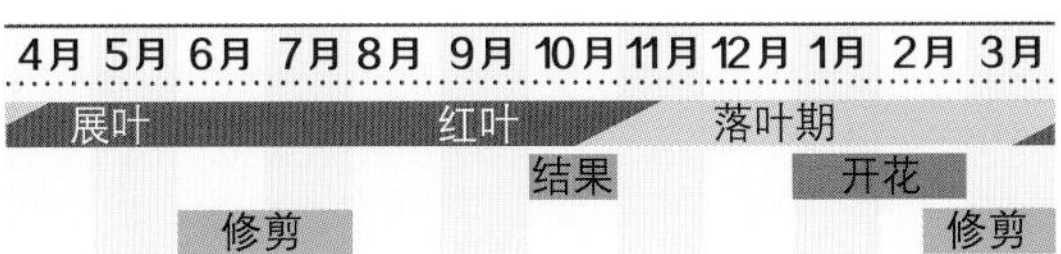

将 1/3 的老树枝从根部剪断。留下新生的柔软枝条和根蘖，几年后便能取代主枝。

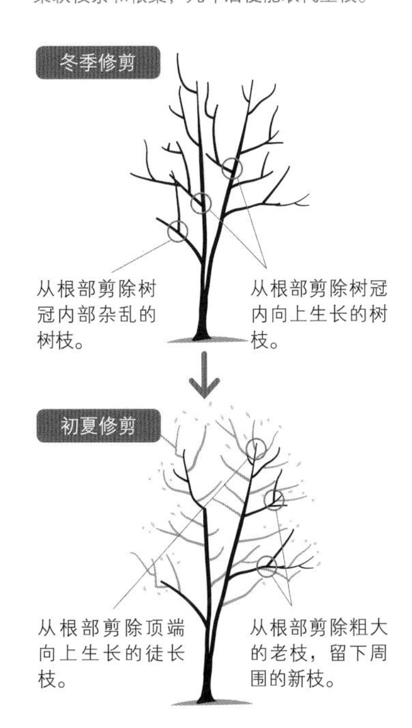

青木

分类：山茱萸科 常绿灌木 树高：1~3m 花色：茶色 果实：红色 根系：适中
长势：快 日照：半日照至荫蔽 干湿：适中至偏湿 栽种：3—5 月、10—11 月

荫蔽处也能长出富有光泽的红果与树叶

其他树木难以存活的地方，只要扎根成功，青木就能茁壮生长。屋檐下、荫蔽干燥处、花园角落、围栏等位置都可以种植青木。茶色的花朵虽然朴素不起眼，但富有光泽的优美叶片和冬季的红色果实都能成为庭院的点缀。

尽量保持树形规整，使其更为美观，如右侧图所示，按照半圆形轮廓修剪出自然树形。略微纵向生长的树枝较多，需要将它们从根部剪除，徒长枝与下垂枝也同样要从根部剪除。根蘖中若有姿态舒展且长势不过于旺盛的枝条，可以将其留下，每隔几年将主干从根部砍断，用根蘖取而代之。在树木幼小时，可以在 2 月施以少量肥料。

树冠内部的直立枝、下垂枝、徒长枝应从基部剪去，使树枝量减少 1/3。每隔几年更替一次主干。

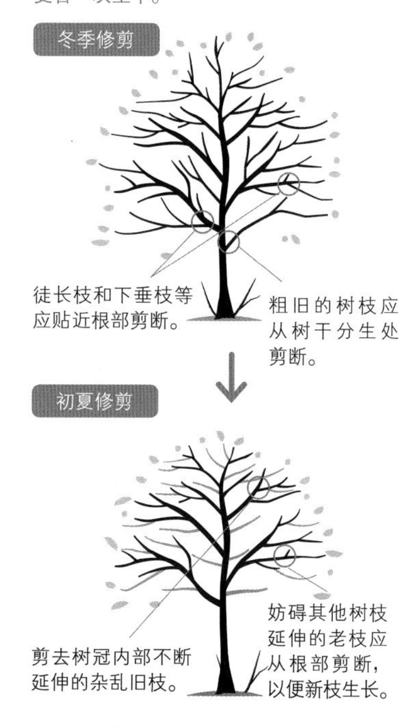

马醉木

分类：杜鹃花科 常绿灌木 树高：1.5~2.5m 花色：白色、粉色、红色 果实：褐色 根系：深 长势：快 日照：全日照至半日照 干湿：干燥至适中 栽种：除严寒期和盛夏外

茶亭中必不可少的喜阴植物

浓绿的树叶令人印象深刻，春季枝头还会盛开许多壶状的小花，向下低垂着头。之所以名为马醉木，是因为马食用后会神经麻痹如同醉了一般。过去人们曾将马醉木的树叶加水熬煮作为杀虫剂使用。

即使疏于照料，此树也很少出现树形崩坏的情况。不过放置不管的话，会因树枝缺少间隙而显得有些不通透。每年应剪去 2/5 左右的树枝，更替为新抽条的枝芽。经常在树干中段冒出萌蘖枝，属易于修剪的树种。树枝变老后将不易开花，每隔几年就需要把老枝从树干分生处剪断。更新主干等大规模修剪应该在花期过后进行。过度开花会导致长势变差，因此花蕾期要记得疏枝。需小心网蝽和卷叶虫。

4月	5月	6月	7月	8月	9月	10月	11月	12月	1月	2月	3月
展叶	展叶	展叶	展叶	展叶	展叶	展叶	展叶	展叶	展叶	展叶	展叶
开花					结果	结果					开花
	修剪	修剪					修剪	修剪	修剪		

以杂乱的树枝为主，将 2/5 左右的树枝从根部剪去。利用萌蘖枝让整棵树保持柔韧的姿态。

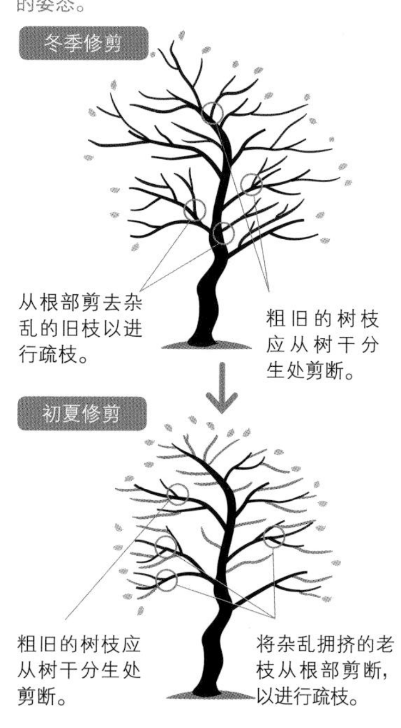

橄榄树

分类：木樨科 常绿中乔木 树高：2~10m 花色：黄白色 果实：茶褐色
根系：深 长势：中等 日照：全日照 干湿：干燥 栽种：3—4 月

风拂树叶，闪烁着银色

地中海沿岸的代表性果树，耐干燥但畏寒。树叶为坚硬的披针形，风拂过时，叶片背面的银灰色时隐时现，与正面的绿色相得益彰。可作点缀景色之用，因其观赏性被广泛种植。在贫瘠的土地上也能健康生长，因此也可用作阳台或屋顶的盆栽。喜碱性土壤。

常出现徒长枝和直立枝，留下细嫩柔软的枝条，其他的从根部剪去即可。粗糙的老枝也应剪断以更新。虽无须过于担心病虫害，但由于易受象甲虫侵害，当树干出现锯末时要仔细观察，找出洞穴驱除害虫。避免移植。

4月	5月	6月	7月	8月	9月	10月	11月	12月	1月	2月	3月
展叶	展叶	展叶	展叶	展叶	展叶	展叶	展叶	展叶	展叶	展叶	展叶
	开花	开花			结果	结果					
修剪			修剪	修剪	修剪				修剪	修剪	修剪

从根部剪去树冠内与其他树枝交错的直立枝。每隔几年需更新一次主干。

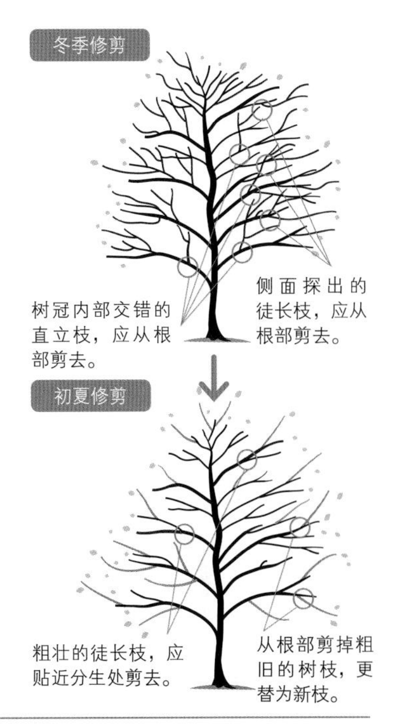

山月桂

分类：杜鹃花科 常绿灌木 树高：1~5m 花色：白色、粉色、深红色 根系：浅
长势：慢 日照：全日照 ~ 半日照 干湿：适中 栽种：3—4 月、9—10 月

小小的花蕾十分可爱

属常绿杜鹃的近缘种，但树叶与花朵都较小。植株健壮且常开花，花朵聚集在一起绽放，花瓣会浅浅地分成五瓣，基部有紫红色斑点。有许多栽培种，如‘奥斯伯红’与日式和西式建筑都很相称。

在半日照环境中也能健康生长。

树干较细且经常分枝，树形较为茂盛圆润，因此需将杂乱密集的树枝剪去，让枝条线条流畅。

光照不好会影响开花。为了改善开花情况，可以在 3 月、6 月、9 月施用固体肥料。残花不加以处理的话容易染病，或是结出果实导致树木长势变差，所以应仔细摘除。

4月	5月	6月	7月	8月	9月	10月	11月	12月	1月	2月	3月
展叶	展叶	展叶	展叶	展叶	展叶	展叶	展叶	展叶	展叶	展叶	展叶
	开花	开花									
	修剪	修剪			修剪	修剪	修剪				

为了疏枝应将杂乱的树枝从根部剪去。不要让树形变得胖墩墩又毫无间隙。

柑橘类

分类：芸香科 常绿灌木至小乔木 树高：3~5m 花色：白色 果实：黄色、橙色
根系：深 生长：慢 日照：全日照 干湿：适中 栽种：3月中旬至4月上旬

以徒长枝为主，剪去 1/3 的树枝。每隔几年砍去老枝，用萌蘖枝取而代之。

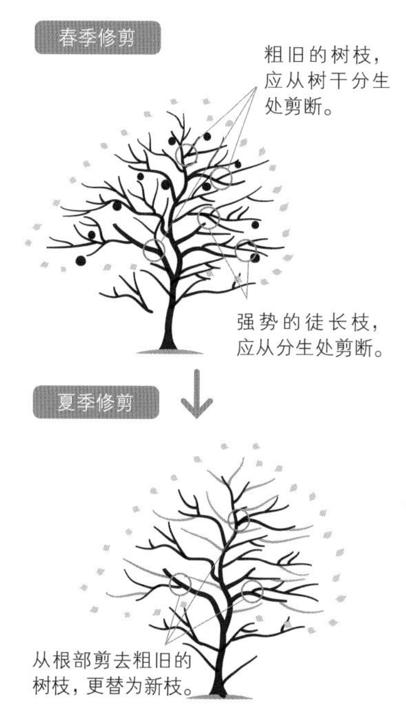

芬芳又美味，充满亲切感的果树

日本夏橙、酸橘、臭橙的叶片与花朵都芳香四溢，柚子和金橘耐寒性强，树形又野趣十足，很适宜种在庭院中。5 月开出的白花会散发出甘甜清爽的香气，秋冬之际又会长期结出橙黄的果实。

杂乱的树枝会影响通风与采光，建议在 3 月中上旬疏枝。徒长枝应从根部剪去，使树枝减少 1/3。老枝不易结果，需每隔几年砍去老枝，用萌蘖枝将其更替。施肥可以在 2 月至 3 月上旬、6 月中旬至 7 月、9 月中旬至 10 月进行，过度生长有损其野趣，应加以控制。不常患病，但需小心燕尾蝶幼虫的啃食，一旦发现要立即捕杀。

4月	5月	6月	7月	8月	9月	10月	11月	12月	1月	2月	3月
展叶											
开花					结果						
			修剪					修剪（疏枝）			

具柄冬青

分类：冬青科 常绿小乔木 树高：3~7m 花色：白色 果实：红色 根系：浅
长势：慢 日照：全日照 ~ 半日照 干湿：适中 栽种：6—7 月

以去除杂乱拥挤的树枝和徒长枝为主，将 2/5 左右的树枝从根部剪去。将树干从低处的萌蘖枝上方截断。

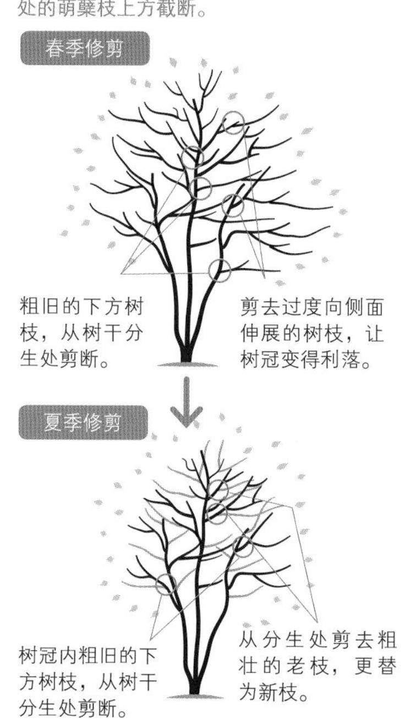

随风摇曳的树叶与俊俏的冬日红果

枝叶柔软，拥有常绿树中少见的纤细姿态。革质叶片富有光泽，略薄，会随风沙沙作响。雌雄异株，小白花不太醒目，但雌株在花季过后会结果，球形的红色果实从长长的果柄上垂下，与树叶形成鲜明的对比。具柄冬青可以构成一道自然风格的屏障，可用作划分庭院区域之用，也可作遮挡视线之用。

呈多干形生长，自然地构成流畅的树形。修剪时维持多干形，将 2/5 左右的树枝从根部剪去，主要以修剪杂乱拥挤的树枝和徒长枝为主。经常萌发蘖枝，当其生长过长时，可以选择一根从低处长出的萌蘖枝，将树干从其上方截断。

1—2 月可以施用有机肥料或缓释型化肥。春季至初夏可能受到卷叶虫侵蚀，应注意观察。

4月	5月	6月	7月	8月	9月	10月	11月	12月	1月	2月	3月
展叶											
		开花				结果					
修剪			修剪				修剪				

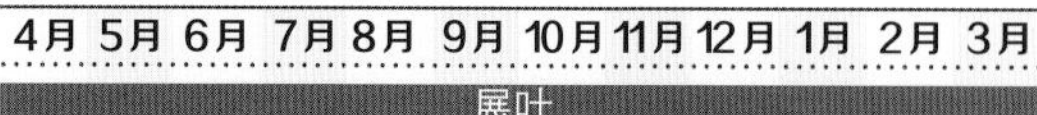

檵木

分类：金缕梅科 常绿灌木或小乔木 树高：10m 以上 花色：白色、深红色
根系：适中 长势：快 日照：全日照 干湿：适中 栽种：4 月、9 月

虽为常绿树，但拥有与日本金缕梅相似的红白花朵

原产于中国的红花檵木花色为粉红色，树叶有红铜色与绿色两种。杂木庭院中，更适合种植白色花朵的原生品种。开花时，花朵几乎会覆盖整棵树，甚是迷人。长势旺盛，可以长成高大树木。耐修剪，可用作树篱。

树冠内部常发小树枝，以徒长枝和杂乱树枝为主，将半数左右的大树枝剪去。若未从根部剪除会导致大量小枝从断口冒出，务必紧贴根部操作。如想控制树木高度，可以直接将枝干截断。施肥应在 12 月至次年 1 月进行。少有病虫害，非常健壮，几乎没有需要注意的事项。

	4月	5月	6月	7月	8月	9月	10月	11月	12月	1月	2月	3月
展叶	展叶	展叶	展叶	展叶	展叶	展叶	展叶	展叶	展叶	展叶	展叶	展叶
开花	开花	开花										
修剪			修剪	修剪					修剪	修剪		

以去除徒长枝和杂乱部分为主，将 1/2 左右的树枝从分生处剪断来进行疏枝。

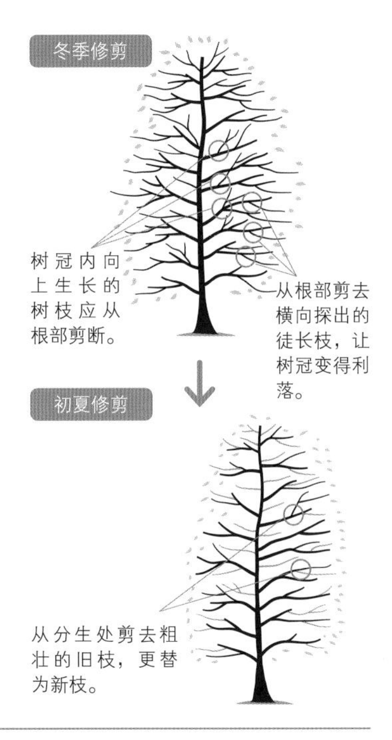

凤榴

分类：桃金娘科 常绿小乔木 树高：约 5m 花色：红色 果实：红色 根系：深
长势：中等 日照：全日照 干湿：略干燥 栽种：3—4 月

花果飘香，令人愉快的常绿树

原产于南美。树叶表面为深绿色，背面为银白色。花瓣外侧为白色，内侧为红色，雄蕊颜色鲜艳，如同一把被束起来的红绳。花瓣微甜，可以食用。熟透的果实味道甘甜，味似菠萝且有果香。虽为亚热带果树但较为耐寒，只要是可以种植柑橘的地区，都可以露天栽培。树枝较密且易分杈，可用作绿篱或围栏。

2—4 月应将过于杂乱的树枝剪去。树冠内会长出密集凌乱的树枝，应从根部进行疏枝，大约要剪去 1/3 的枝条。还需要剪去强壮的徒长枝，以及与其他树枝交错的直立枝。任其生长可超过 5m 高，但最好控制在 2~3m。

	4月	5月	6月	7月	8月	9月	10月	11月	12月	1月	2月	3月
展叶	展叶	展叶	展叶	展叶	展叶	展叶	展叶	展叶	展叶	展叶	展叶	展叶
开花/结果		开花	开花				结果	结果	结果			
修剪	修剪			修剪	修剪	修剪	修剪				修剪	修剪

树冠内部过长的树枝会影响其他树枝的发育，应从根部剪除。树形可自然形成。

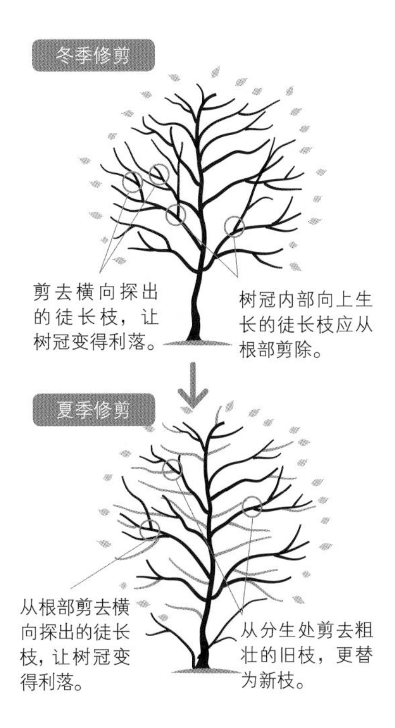

冬青卫矛

分类：卫矛科 常绿小乔木 树高：3~5m 花色：黄色 果实：粉色 根系：浅 长势：快
日照：全日照～半日照 干湿：适中 栽种：3月下旬至4月上旬、9月中旬至10月中旬

萌芽期楚楚动人，叶片明亮多彩

雌雄异株，雌株会结出粉色果实。有许多叶片上带有锦斑的栽培种，例如新梢为金黄色的‘本龟甲’、淡黄色覆轮斑的‘大阪龟甲’、白色覆轮斑的‘银冬青卫矛’等。萌芽期格外美丽。耐阴性好，在荫蔽处也能生长。

将树冠内的横枝留下，从根部剪掉向上方或下方生长的树枝以及徒长枝，使树枝减少1/2。如果树木过高，可以将徒长枝以上的主干砍去。

萌芽力强，长势好且发育快，比较容易维持理想的树形。

施肥时间应选在5月中旬至6月，以及9月中旬至11月或2月中旬至3月中旬，注意要少量施用。易受卫矛尺蠖和白粉病侵扰，一旦发现应迅速处置。

4月	5月	6月	7月	8月	9月	10月	11月	12月	1月	2月	3月
展叶											
		开花		结果				果实成熟期			
修剪					修剪						修剪

以向上或向下生长的树枝及徒长枝为主，剪去1/2左右的枝条。树木过高的情况下，可以将萌蘖枝以上的主干砍去以进行更新。

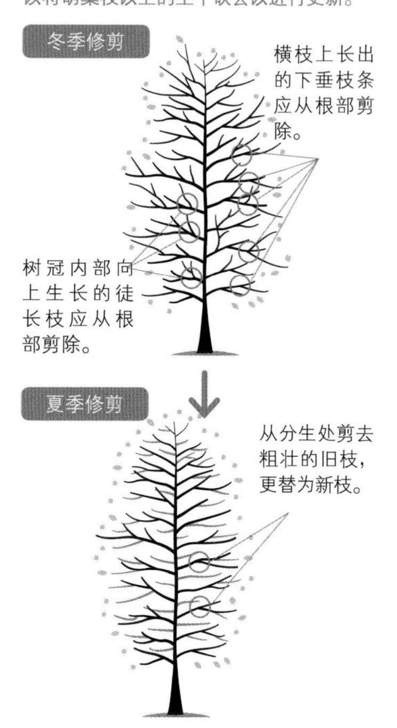

全缘冬青

分类：冬青科 常绿小乔木 树高：6~10m 花色：黄色 果实：红色 根系：深 生长：慢
日照：全日照～半日照 干湿：适中 栽种：4月至7月上旬、9月中旬至10月中旬

生长缓慢的常绿树，可适应半日照环境

雌雄异株，对海风和大气污染抵御力强，绿叶油亮优美，可适应多种环境。适宜各种造型，既可修成圆球形，也可以成排种植打造成屏障，是日式庭院中不可或缺的经典树种。

树冠内部经常长出细小的直立枝和下垂枝，应从基部将它们剪去。保留横向生长的柔韧枝条，剪除徒长枝等无用树枝。若树高过高，选择一根低处的萌蘖枝，在其上将树干截断。

枝条过于茂密，通风变差后，会招致卷叶虫和介壳虫寄生并感染煤污病，应多加注意。煤污病一旦蔓延，树木将全部变黑，故应尽早采取措施防治。

4月	5月	6月	7月	8月	9月	10月	11月	12月	1月	2月	3月
展叶											
开花							结果				
修剪								修剪			修剪

剪去树冠内的直立枝与下垂枝，保留横枝。每隔几年令萌蘖枝生长，从低处将主干截断。

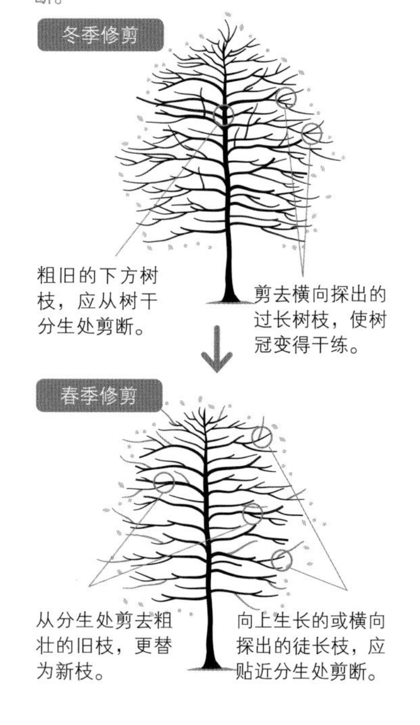

矮紫杉

分类：红豆杉科 常绿乔木 树高：10~30m 花色：黄色（雄花）绿色（雌花） 果实：红色 根系：深 长势：慢 日照：全日照至半日照 干湿：适中 栽种：3—6月

适宜寒冷地带，可打造成绿色屏障

雌雄异株，春季的小花不太引人注目。秋季红色果实成熟，味甘可食用，但籽有毒，应多加小心。

建议将其作为落叶树的背景，无须改变轮廓，保持其圆锥形的自然树形即可。超过 2m 时下方的树枝将逐渐枯萎，所以需控制高度，并将下方多余的树枝去除。冬季修剪时，从根部将探出树冠的树枝剪去，需除掉近 1/3 的枝条。树冠过大时，选择一根从低处沿主干生长的萌蘖枝，在其上方位置将主干截断，令树干重新生长。萌蘖枝将逐渐直立成为新的主干，既保持了枝干至树梢的流畅姿态，又使树冠缩小一圈。6 月，可以为密集的部分疏枝，改善通风条件。

4月	5月	6月	7月	8月	9月	10月	11月	12月	1月	2月	3月
展叶											
开花					结果						开花
		修剪									修剪

从根部将探出树冠的树枝剪去，剪掉近 1/3 的枝条。令萌蘖枝生长，从低处更替树干。

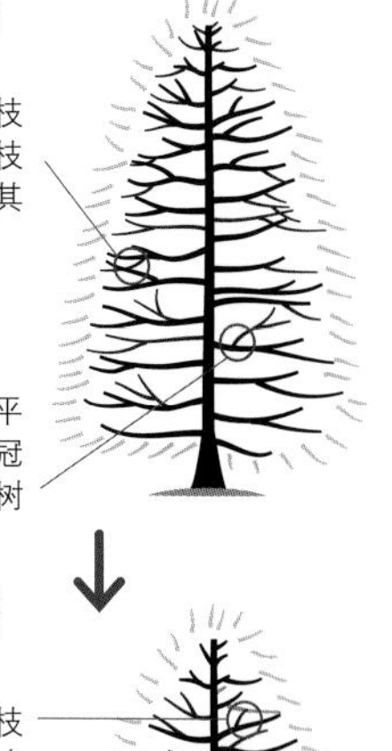

初夏修剪

向上生长的树枝会让树冠内部凌乱不堪，应将其剪去。

长势旺盛的下垂枝条，应从根部剪去。

丝柏

分类：柏科 常绿乔木～小乔木 树高：5~8m 花色：茶色 根系：浅 长势：慢 日照：全日照～半日照 干湿：适中 栽种：3—4 月、9—10 月

端正美观的自然圆锥树形

放任生长也只有 5~8m 高，即使种植在小型庭院中也很方便。树叶呈扇形，叶形优美，叶质柔软。生长较慢，自然呈现出圆锥状树形，很适宜作为落叶树的背景。与纤细的树叶和端正的外观不同，丝柏非常强健，抗病虫害能力强，与各类庭院的适配度都很高。

为了确保通风与日照，可以将比较杂乱的树枝剪掉。树冠内部的枝条可以剪去近 1/3，注意要从根部修剪，并尽量令侧枝水平生长。

为了使树形更为优美自然，应用手摘掉树梢上的叶片。不要仅摘掉叶片，而是要轻轻拧动叶柄将其全部摘下。

4月	5月	6月	7月	8月	9月	10月	11月	12月	1月	2月	3月
展叶											
开花						结果（次年）					开花
修剪		修剪									修剪

从根部剪去树冠内部近 1/3 的树枝。不要使用剪刀修剪叶片，而应用手将其摘下。

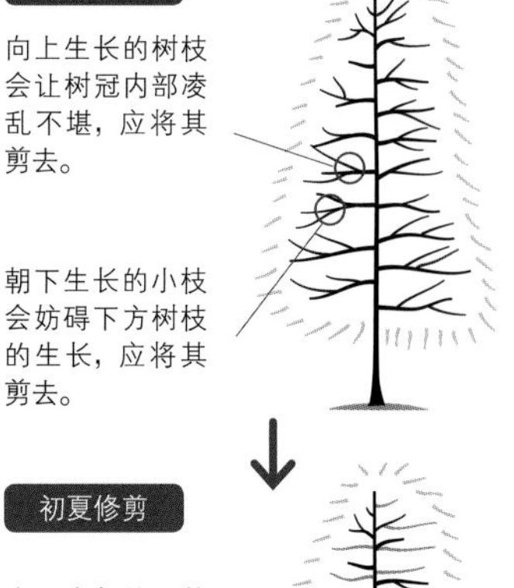

初夏修剪

水平生长的强壮粗枝会破坏树形，应从根部剪除。

向上生长的强壮树枝会让树冠内部凌乱不堪，应将其剪去。

罗汉松

分类：罗汉松科 常绿乔木 树高：20m 以上 花色：茶色 根系：深 长势：慢
日照：全日照 ~ 半日照 干湿：适中 ~ 偏湿 栽种：3—4 月

不同于针叶树的细长树叶是其魅力所在

喜爱光照良好的温暖地带，难以在寒冷地区存活。树叶不同于一般的针叶树，为略有宽度的细长形，长约 15cm、宽约 1cm，表面为深绿革质，背面为灰绿色。树皮为灰白色，略有剥落。不加以控制的话高度可超过 20m。

可用作落叶树的背景，也可以种在屋子前面作为院子的亮点。

秋季修剪时，将树冠内探出的树枝从根部剪断，共需去除近 1/3 的树枝。如果生长得太高，可以选择一根从低处沿主干生长的萌蘖枝，在其上方将主干截断，令树干重新生长。春季需对树枝密集的部分进行疏剪。

除卷叶虫之外，没有其他明显的病虫害，属于易于养护的树木。

4月	5月	6月	7月	8月	9月	10月	11月	12月	1月	2月	3月
展叶	展叶	展叶	展叶	展叶	展叶	展叶	展叶	展叶	展叶	展叶	展叶
开花						结果（次年）					开花
修剪					修剪	修剪					修剪

将从树冠内横向探出的树枝从根部剪断，共需去除近 1/3 的树枝。将主干截短，用萌蘖枝来更替生长。

春季修剪

树枝间拥挤的部分，应从根部进行疏剪。

下方垂落下来的强壮树枝，应从根部剪去。

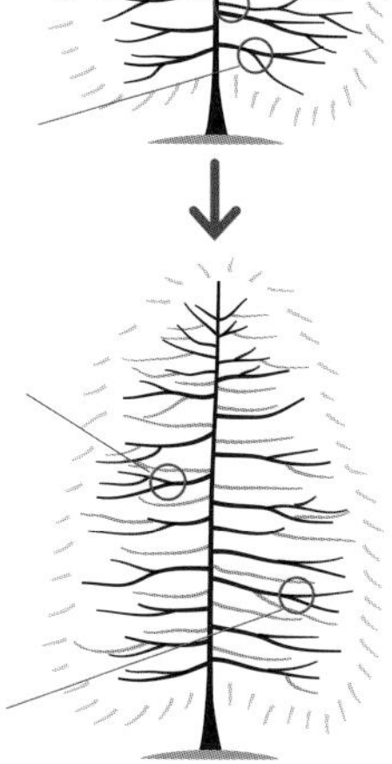

秋季修剪

尤其要疏剪树冠内部密集之处，以改善通风。

水平生长的强壮粗枝会破坏树形，应从根部剪断。

日本花柏 · 日本扁柏

分类：柏科 常绿乔木 树高：30~40m 花色：茶色 果实：茶色 根系：浅
长势：快 日照：全日照 干湿：适中、偏湿 栽种：3—4 月

在半日照环境下也能茁壮生长的清爽树木

日本花柏生长速度快，很适合作为落叶树的背景。树皮与其他针叶树相比较为柔和，无香气，树枝稀疏，树形呈圆锥形，在半日照环境下可以良好生长。日本扁柏则生长速度较慢。气质清爽，有独特香气，在较暗的荫蔽处也能良好生长。

这类树木长势不会过于旺盛，很容易通过修剪来控制。春季，以探出树冠的树枝为主，将 2/5 左右的树枝从根部剪去。树木过高时，将主干从低处截断，令其重新生长。初夏要从根部疏剪杂乱的树枝。健壮且易养护，不怕移植，也没有需额外注意的病虫害。基本不需要施肥，但如果生长情况较差，可以在 1—2 月施用少量油渣等固体肥料。

4月	5月	6月	7月	8月	9月	10月	11月	12月	1月	2月	3月
展叶	展叶	展叶	展叶	展叶	展叶	展叶	展叶	展叶	展叶	展叶	展叶
开花						结果					
修剪		修剪	修剪			修剪					修剪

以去除树冠内部的杂乱徒长枝为主，将 2/5 左右的树枝从根部剪去。将主干截短，利用萌蘖枝来更新。

春季修剪

拥挤的树枝应从根部进行疏剪。

从树干长出的细弱或杂乱的树枝应从根部剪断。

初夏修剪

非水平生长的杂乱树枝应从树干分生处剪断

水平生长的粗壮树枝会破坏树形，应从根部剪断。

吉野杉

分类：杉科 常绿乔木 树高：30~50m 花色：茶色 果实：茶色 根系：深 长势：快 日照：全日照～半日照 干湿：偏湿 栽种：3月下旬至4月上旬、10月中旬至11月

既可用作屏障，也可用来点缀庭院

叶片为深绿色，树皮为红褐色，树干细长，树皮微微剥落，很是雅致。树高可达30m以上，树冠也较为宽大。生长速度快，树形也较为利落，可作为屏障树种在自家与邻居之间的边界处，可有效遮挡视线。

每年，以从树冠内横向探出的树枝为主，将1/2的树枝从根部剪去。如果想用吉野杉来点缀庭院，最好去除底部的树枝，以凸显树干的优雅之美。树干生长过高时，可截断令其重新生长。可以选择一根从低处沿主干生长的萌蘖枝，在其上方位置将主干截断。萌蘖枝将逐渐直立，成为新的主干，既保持了枝干至树梢的柔韧姿态，又使树冠缩小一圈。

4月	5月	6月	7月	8月	9月	10月	11月	12月	1月	2月	3月
展叶											
开花						结果					
修剪						修剪					修剪

以去除探出树冠的横枝为主，将1/2树枝从根部剪去。将主干截短，利用萌蘖枝来更新。

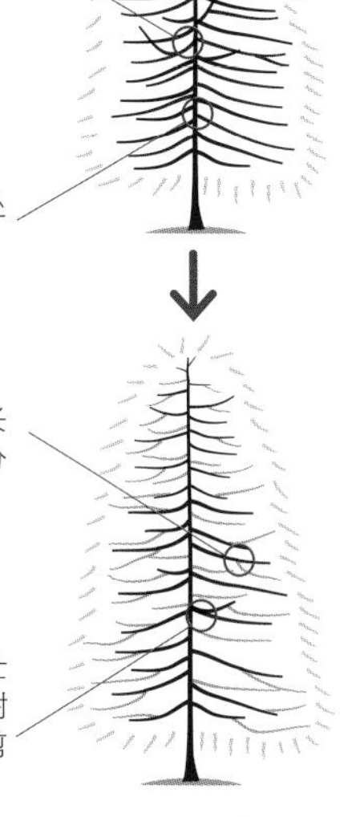

莱兰柏

分类：柏科 常绿乔木 树高：25m以上 花色：茶色 果实：茶色 根系：浅 长势：快 日照：全日照～半日照 干湿：适中、偏湿 栽种：3—4月

叶色明亮，枝条柔韧，极易打理，

原产于北美的大果柏木与北美金柏的属间杂交种。常见品种的树叶为明亮的绿色，这在大型针叶树中较为少见。枝叶有类似柏树的芳香。树冠有圆锥形和圆柱形，生长速度快，自由生长可高达25m以上。树枝柔韧，易于处理，是新手也能掌控的针叶树，可成排种植成树篱。

常发萌蘖枝，因此每年可以从树干砍去1/3左右的树枝。剪掉形态凌乱的树枝，改善树冠内的通风状况。

每隔几年，将主干从低处截断，以控制树干高度。不怕移植，可以在1—2月施用以油渣为主要成分的固体肥料。

4月	5月	6月	7月	8月	9月	10月	11月	12月	1月	2月	3月
展叶											
开花						结果					开花
修剪		修剪			修剪						修剪

以去除树冠内形态失控以及杂乱的树枝为主，将1/3左右的树枝从树干砍去。每隔几年，可将主干截短一次。

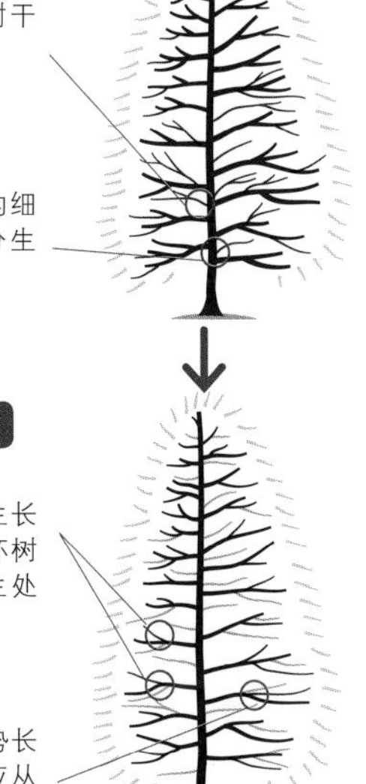

松树

分类：松科 常绿乔木 树高：30~35m 花色：红色、黄色 果实：茶色 根系：深
长势：快 日照：全日照 干湿：干燥 栽种：2—3 月、5 月中旬至 6 月中旬（寒冷地区）

赤松的栽培种‘蛇目松’。

春季、秋季的养护十分重要

松树全年常绿，寿命极长，象征吉祥，有赤松、黑松等代表性品种。

若想使树枝保持柔韧，不要摘掉松针嫩芽，应剪去老枝，使其频繁地更替为新枝。从分杈处将整棵树 1/3 左右的树枝剪去。留下从侧面长出的新枝，以备次年更新。易受松材线虫侵害，冬季应集中喷洒药剂驱虫。定期为叶片浇水也有助于防范害虫。

4月	5月	6月	7月	8月	9月	10月	11月	12月	1月	2月	3月
展叶	展叶	展叶	展叶	展叶	展叶	展叶	展叶	展叶	展叶	展叶	展叶
开花	开花					结果（次年）					
	修剪	修剪				修剪	修剪	修剪	修剪	修剪	

如何让长枝上的某个部分萌芽

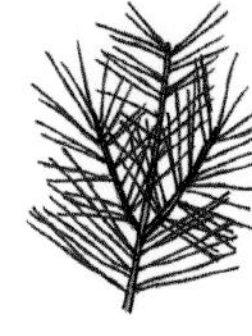

1
4—5 月
在希望萌芽的位置将树枝剪断。

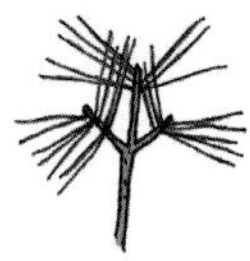

2
在希望萌芽的位置留下 6~7 枚树叶，其他全部摘除。

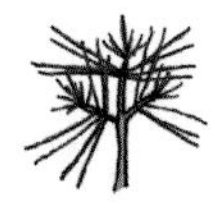

3
秋季或次年 4—7 月就能见到萌发的新芽。

如何弯折树枝令其发芽

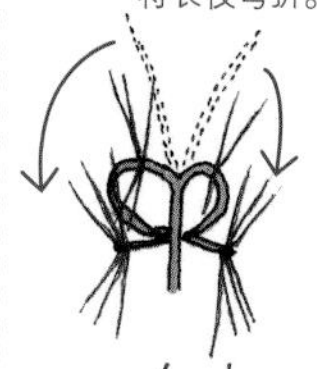

在希望萌芽的位置留下 6~7 枚树叶，其他全部摘除。
（4—7 月）

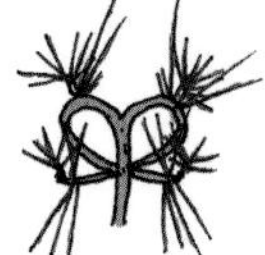

秋季或次年 6—7 月就能见到萌发的新芽。

赤松的修剪

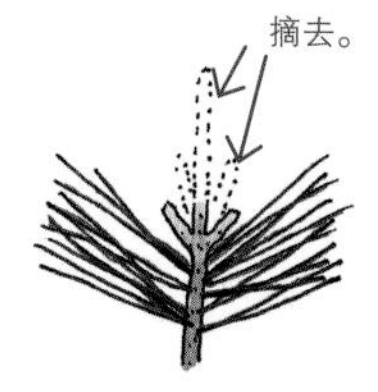

赤松生长较慢，要少量摘芽，冬季摘叶时也只需轻微整理旧叶和杂乱处。

黑松的全年管理

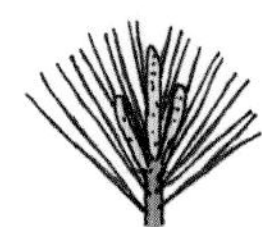

1
新芽萌发结束（4 月下旬至 5 月）。

2
将新芽全部从根部摘除。

3
摘去新芽后，会从此处萌发夏芽。

4
摘叶（11—12 月）
留下 2 束长度相同的夏芽，其余的全部摘除。此外，全部旧叶以及下半部分的夏芽也要摘除。

云团式树形的制作方法

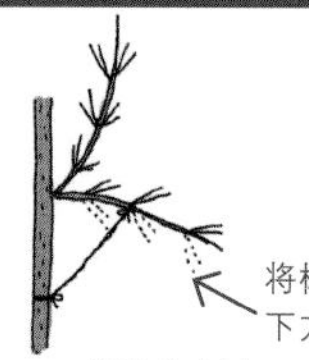

1
栽种 1 年后的树枝造型方法（2—3 月）

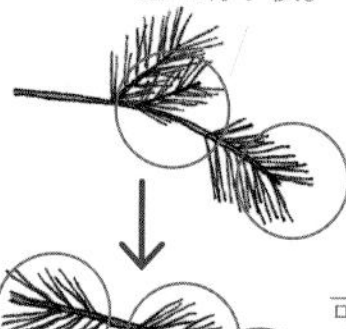

2
春季至夏季
中间的小枝分别从根部反折，并将树梢从正面往回折去。

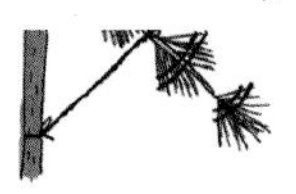

3
秋季至冬季
所有针叶都用绳子仔细固定。

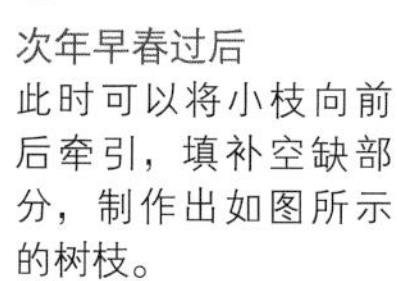

4
次年早春过后
此时可以将小枝向前后牵引，填补空缺部分，制作出如图所示的树枝。

5
第五年以后
日本关东地区常见的云团式造型。
实生苗要生长 15~25 年才能进行造型，需 5~7 年才能完成造型。

Chapter 4

问题解决

Q&A

无论是关于树木的常见疑问，
还是种植过程中的实际烦恼，
在此为您一一解答。

- 常见疑问
- 不开花！
- 没精神！
- 不结果！
- 长得太大！

常见疑问

哪些树适宜在公寓栽培?

A 建议栽培比较耐旱的常绿针叶树和小型灌木。

公寓的庭院大多是住户的公共空间或是管理区域，但只有阳台或露台等地可供栽种。不过，考虑到大型树不易打理的实际情况，建议种植可以盆栽的苗木。根据生长空间有限这一前提，圈定树种的选择范围。

针叶树较为耐旱，其中松科冷杉属的‘康帕科特’和‘小矮人’属于常绿针叶树，生长速度慢，几乎无须打理。此外，还有白云杉类的‘柯尼卡’和同为云杉属的蓝叶云杉‘格洛博萨’‘霍普斯’，以及松树类、北美香柏等柏科植物。

蓝叶云杉‘科斯特’，树形为圆润的圆锥形，生长速度较慢。

Point 考虑移栽、养护所需的时间与精力。

阔叶树中常绿性的柑橘类和南天竹（有锦丝南天竹等众多品种）、杜鹃等也较为推荐，但这类树木需要隔年移栽。虽然养护所需时间等情况各有不同，但总体来说，只要认真照料，大多数植物都可以在公寓栽培。

若选择盆栽，则应格外注意缺肥问题。早春和秋季施肥（肥料最好为发酵油渣和骨粉的混合物）的同时，还需预防根系从底孔中探出扎入地里。一旦根系扎入地里，就会势如破竹地生长起来，所以最好提前在盆底放上托盘、瓦片或混凝土板。

推荐种植适宜盆栽的金橘。

大果柏木‘金冠柏’，
树叶为清爽的黄绿色。

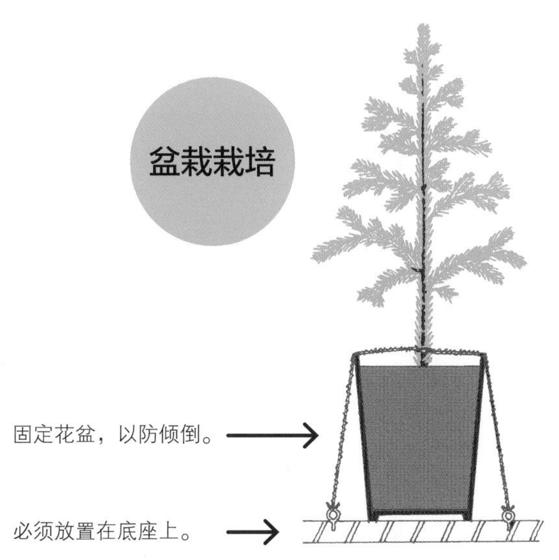

●柏树的栽培日历

	1月	2月	3月	4月	5月	6月	7月	8月	9月	10月	11月	12月
观叶	●	●	●	●	●	●	●	●	●	●	●	●
栽种期			●	●						●		
移栽期			●									
修剪期			●	●								
施肥期	●	●										

Q 刺桂、银桂、齿叶木樨有什么区别?

A 可以靠叶形和花色来区分。

丹桂也属同类植物，都为木樨科木樨属的常绿乔木或小乔木。刺桂为乔木，在日本多见于本州岛和四国岛的暖温带森林中。11—12 月在叶腋（树叶的基部）会开放有香气的白色小花。银桂是原产于中国的小乔木，10 月前后也会在叶腋处开放芳香的白色小花。齿叶木樨为刺桂和桂花的杂交品种，原产地不明，3~6m 高的小乔木，10 月前后同样也会在叶腋处开放芳香的白色小花。丹桂在秋季会在叶腋处开放大量芳香的橙色小花，非常受欢迎。

银桂‘甜蜜橄榄’。

丹桂。

刺桂。

Point 通过叶片边缘是否呈锯齿来区分。

通过叶片可以简单区分这 3 种树木。刺桂的叶片为 3~5cm 长的椭圆形至长椭圆形，表面为有光泽的深绿色，叶尖尖锐，叶缘左右对称，约有 3 对尖锐的大型锯齿，触碰叶片有可能被扎伤。树木老化后，大多数树叶的锯齿会消失，边缘变平滑，叶尖变圆，甚至让人怀疑它并非刺桂。

银桂树的叶长 7~12cm，长椭圆形至狭长椭圆形，叶缘有细小锯齿，偶有无锯齿的平滑叶片。与常见的丹桂相比，叶色更浓绿。此外，丹桂树叶边缘呈波浪状，银桂则基本不呈波浪状。

齿叶木樨的叶片略大于刺桂，为 5~8cm 长的椭圆形，刺状锯齿较多但触摸起来并无刺痛感。养育方法基本相同。

齿叶木樨
有刺状的细小锯齿。

银桂
有细小锯齿。也有无锯齿的平滑叶片。

刺桂
有大锯齿。

丹桂
叶缘呈波浪状。

Q 如何种好含笑?

A 重点是在花期过后施肥，为植株补充营养。

含笑，木兰科含笑属，常绿大灌木或小乔木。5—6 月开花，花香似熟透的香蕉，英文名 Banana shrub（香蕉灌木）正是由此而来。花朵直径 2~2.5cm，花瓣微厚，呈黄白色。

栽培种‘紫色女皇’，雅致的红褐色花朵颇有人气。

含笑树干完全生长可高达 4~5m，并且经常从地面冒出新枝。可以剪去枝干最顶端，将树高控制在一定高度，并将其修剪成半球形、圆锥形、圆柱形；在宽阔的庭院中也可以令其自由生长，无须定期修剪。

深山含笑（*Michelia maudiae*）3 月中旬至 4 月中旬树冠上会开满直径约 10cm 的纯白花朵，芳香扑鼻。

栽培种‘波特酒’，花色为典雅的红酒色，散发香草气息。

Point 栽种时不要破坏根部土球。

之前所提及的含笑与深山含笑两种树木，芳香浓厚，苗木也方便购买。唯一的缺点是在庭院种植 5 年以上便很难移植。

栽种时应注意千万不要破坏根部土球。在 1 月下旬至 2 月中旬施用固体的发酵油渣，让树木在花期过后长出充满活力的枝条（次年可以开花的枝条），这一点极为重要。花后生长的枝条即使很长，也会在叶腋（树叶基部）开出花蕾，一定要小心保护。基本无须修剪，仅为密集的部分疏枝即可。没有需要特别防范的病虫害。

含笑的花朵有香蕉的香气。

●含笑的栽培日历

1月 2月 3月 4月 5月 6月 7月 8月 9月 10月 11月 12月

开花期

栽种期

移植期

修剪期：无须定期修剪

施肥期

Q 为什么绣球不开花？

A 绣球喜欢日照好的地方。

在梅雨季盛开的绣球很受大家喜爱。虽不算频繁，但偶尔会听到“为什么绣球不开花”这样的疑问。

在多数人的印象中，绣球是一种仅适宜半日照的植物。但实际上这种印象与野生绣球的状态是十分矛盾的。在日本伊豆半岛的野外，日照充足的陡峭岩石上盛开着大簇大簇的绣球花。海岸边的绣球终日沐浴在海水溅起的细小飞沫中，形成了一种根部整日被雾气包围的环境。

因此，如果能为绣球提供令其根系充分生长的土壤环境，那么在阳光充足之处绣球会开得更好。

根据绣球的这种特性，导致其不开花的原因可能有如下两种：第一，种在十分背阴的地方；第二，没有正确地修剪。日照和修剪可以说是影响绣球生长的重要因素。

如果现在种植的地方过于背阴，那就果断地移栽到向阳处。但是土壤应选用赤玉土，并在其中加入一袋（15L）腐叶土后充分搅拌，将绣球浅栽在土中。此外，栽种后要用稻草或腐叶土将根部厚厚地覆盖住，通过护根来增强根部的保湿性（不可过湿）。

蓝色系的绣球花色在
酸性土壤中更鲜艳。

Point 修剪方式正确吗?

绣球的花芽分化一般在8月下旬至9月进行。春季至初夏会发出新枝，其顶端的芽会成为花芽。因此在花朵凋谢后修剪的话，植株将无法进行花芽分化，第二年就不会开花。此外，如果在冬季和其他植物一起剪断枝梢，花芽会被一并剪除，那必定无法开花。

不太清楚修剪方法的情况下，建议2~3年内不修剪树枝，任其自由生长。只要不种在明显的背阴处，绣球一定会绽放。

绣球虽然给人一种喜阴的印象，但实际上喜欢向阳处。

花芽的生长方式

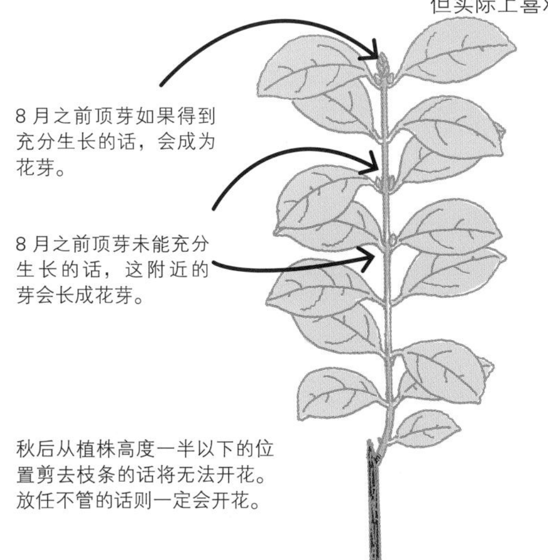

●绣球的栽培日历

	1月	2月	3月	4月	5月	6月	7月	8月	9月	10月	11月	12月
开花期					■	■	■					
栽种期									■	■	■	
移栽期			■						■	■	■	
修剪期（花后）						■	■			■	■	
扦插期						■	■					
施肥期		■	■						■	■		

Q 为什么杜鹃和皋月杜鹃不开花?

A 蛀心虫可能是罪魁祸首。

皋月杜鹃。

杜鹃和皋月杜鹃同属杜鹃花科杜鹃属，均为常绿灌木，枝条繁密，与其他杜鹃类植株在花形和树形上并无太大差异。杜鹃属中还包括火把杜鹃、羊踯躅、钝叶杜鹃、白花杜鹃等品种。

5—6月开花的为皋月杜鹃，因此日本简称其为“皋月”（五月之意），也称东鹃。而3—4月开花的为杜鹃。

皋月杜鹃的白花品种。

混合种植多个栽培种，甚是好看。

Point 在虫害发生前，提早喷洒杀虫剂。

羊踯躅。

杜鹃和皋月杜鹃不开花，有可能是受到了害虫的侵害。杜鹃类植物常见害虫包括网蝽和叶螨。在4—10月会发生4~5次虫害，尤其在高温干燥的7—8月，叶螨虫害非常严重。受害的树叶会发白褪色，还会被虫粪弄脏，但并不会因此而不开花。及时发现，尽早喷洒杀虫剂和杀螨剂即可。

造成杜鹃和皋月杜鹃不开花的元凶很可能是蛀心虫。4—10月大约会发生3次虫害，幼虫会啃食新树梢的顶端。6月至8月上旬，杜鹃和皋月杜鹃的新梢顶端会形成花芽，这些花芽在次年会开花。而8—9月发生的蛀心虫虫害，会使已经分化完成的花芽全部脱落，从而导致杜鹃无法开花。为防范蛀心虫，应在7月至9月上旬每隔10~15天，将马拉松乳油或杀螟松乳油仔细喷洒在新梢上。

白花杜鹃‘日出雾岛’。

日常养护方面，在花期过后应该立即进行修剪，这样次年开花数量会更多。

●杜鹃类的栽培日历

1月 2月 3月 4月 5月 6月 7月 8月 9月 10月 11月 12月

开花期

栽种期

移栽期（花后立即移栽）

修剪期（花后立即修剪）

施肥期

Q 如何让丹桂开花?

A 将它移植到日照充足、土质优良之处。

如果是 5 号盆大小的丹桂树苗，那从栽种到第一次开花一般需要 4~5 年时间。日照充足会更易开花，半日照环境下虽然仍会开花，但花朵数量会减少。若种植在普通的庭院土壤中，15 年后树高可达 5m 左右。

若多年后树木仍旧只有 1.5~2.0m 且不开花，可从生长状况推测应该是土壤所引起的问题——或是土壤中混有大量小石砾，缺乏有机物；或是黏土过于干燥，变成像混凝土一样的坚硬质地。在这两种土质中继续生长下去，树木既无法吸收营养，也无法开花。

因此，遇到这种情况时应该把丹桂移栽到土质良好的地方，或者移栽到 12~15 号盆中培育。无论采取哪种方法，都必须选择适宜的土壤——富含腐殖质且兼具良好的排水能力和适当的保水能力。

丹桂的花朵。

Point 移栽后注意施肥，为树木补充体力。

秋季盛开的丹桂散发出迷人香气。

在冬季寒冷、积雪多的地区，应等到足够温暖的4月下旬至5月中旬再进行移栽。挖出稍大的种植穴，在优质的庭院土壤中加入约20%的腐叶土混合成种植土。栽种后，可用支柱支撑以防树枝倾倒，并向根部充分浇水。如选择盆栽，应在盆底先放入15~20cm厚的粗粒赤玉土，然后将中细粒的赤玉土与30%的腐叶土混合后填入花盆。如果想使用身边的庭院土壤，可以将庭院土壤、鹿沼土、腐叶土按5 ∶ 3 ∶ 2的比例混合后使用。

丹桂属于亚热带植物，尽量将其种植在庭院中光照好的温暖位置，冬季可用防寒罩进行保暖。如为盆栽，可以放在屋檐下以抵御寒冷。移栽完成长出新枝后，在当年的10月上旬将等量的油渣与颗粒状复混肥料（氮：磷：钾=8 ∶ 8 ∶ 8）混合施用，次年起每年3月中旬都需施用油渣与颗粒状复混肥料的等比混合肥料。树木体力逐渐恢复后便有望开花。只要不是种在荫蔽位置，开花基本没有问题。

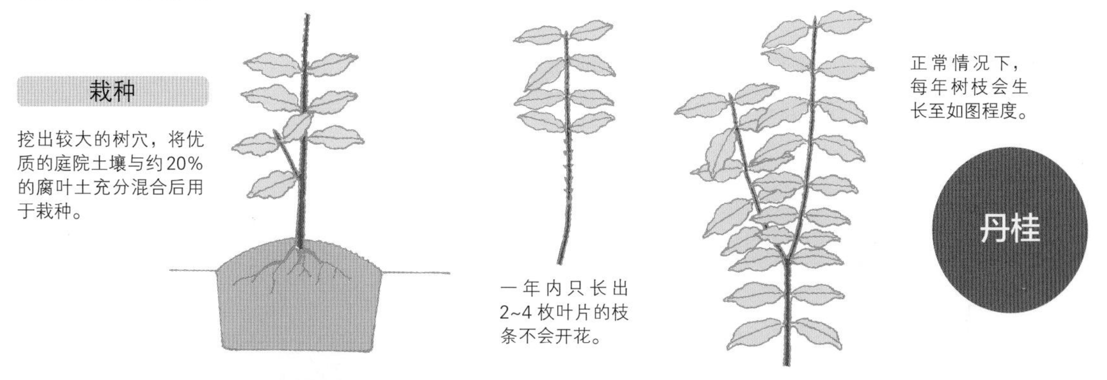

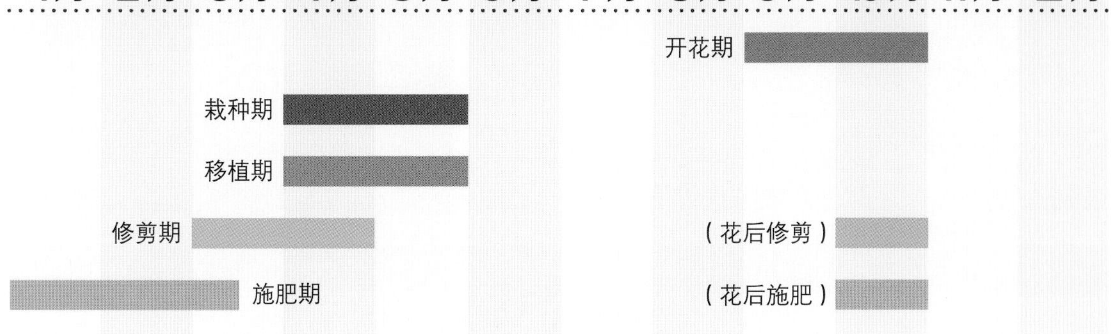

Q 如何让美国风箱果开花?

A 移栽到日照充足、土壤肥沃之处。

美国风箱果原产于美国东部，属落叶灌木，市面上有诸如‘夏日红酒’和‘狄阿波罗’等多个栽培种。叶片金黄的栽培种‘无毛风箱果’很早就被引入到日本，被称作“黄金小手鞠”，常用于插花和庭院栽培。‘小葡萄酒’是近年引至日本的彩叶品种，植株低矮，树叶为深紫红色。

5 月下旬至 6 月中旬，美国风箱果会开出大量直径为 7~8mm 的白色五瓣花，花序生于树枝顶端，形似手鞠球，直径 5~6cm。‘夏日红酒’的花色略带淡红。

若美国风箱果不开花或者花量少时，不妨改换思路，把目标从养花变成养叶，发挥其作为彩叶植物的价值，考虑如何更好地体现树叶的魅力。例如，将其种在花坛中央，周围搭配黄色三色堇或者多花报春等。

美国风箱果‘小葡萄酒’。

美国风箱果‘夏日红酒’。

Point 春季断根，次年早春移栽。

美国风箱果喜爱光照良好、土壤肥沃且有保水性的环境。用完熟的堆肥或腐叶土覆盖在根部周围以提高保湿性，但为了保证排水顺畅，种植时根部应略高于地面。

栽种或移栽都应在 2 月下旬至 3 月进行。如果要移栽的树木已经栽种了 4 年以上，那在 3—4 月时应预先用铲子断根缩坨（在移栽的 1~2 年前，先将延伸的根系砍断，以促进细根的生发），在次年早春时将其移栽到阳光充足的位置。

将发酵油渣与大豆大小的颗粒状复混肥料等比混合，在开花前的 9 月中旬和冬季在根部撒一小把。修剪方面，2 月将老枝剪去即可。

美国风箱果‘狄阿波罗’。

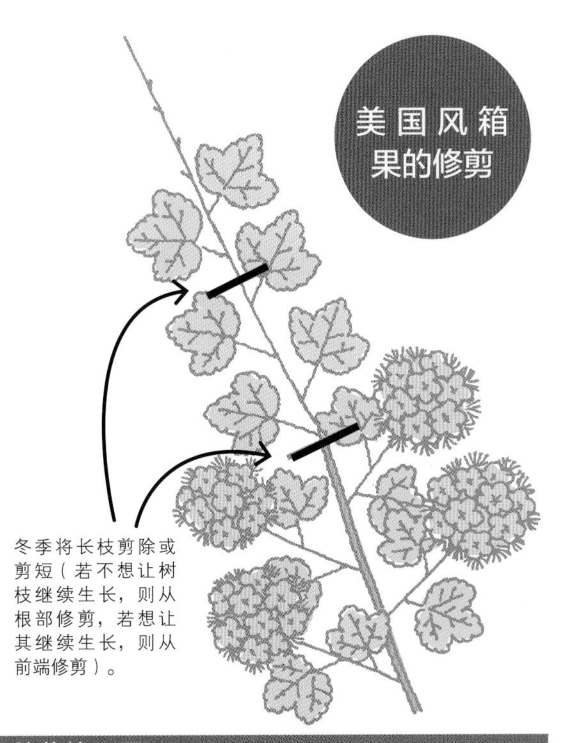

‘无毛风箱果’。

●美国风箱果的栽培日历

1月 2月 3月 4月 5月 6月 7月 8月 9月 10月 11月 12月

开花期

赏叶期

栽种期

移植期

修剪期

施肥期

Q 如何改善玉兰的开花情况？

A 改善日照条件并施肥。

虽然这个问题被简单概括为“改善玉兰的开花情况”，但实际玉兰包括非常多种类，如开白花的白玉兰、淡红色的二乔玉兰、紫红色的紫玉兰等。由于自然品种与栽培种众多，这里暂且以白玉兰为例进行解答。

玉兰这类树木不会在长枝的枝头生出花芽，而只在 30cm 以下的短枝上长花芽。一般枝条较少的幼年树木花量较少，但如果树干粗壮高大但仍旧不开花，可以从以下几种情况考虑：是否被周围树木的枝叶遮挡住了？是否种在了光照较差的位置？土壤是否过于贫瘠？种在高大建筑物的旁边也会导致光照不足。在这些情况下，树枝即使继续生长也会非常细弱，开花情况自然也会变差。

玉兰开花时的姿态。

Point 12月至次年2月修剪，培养开花枝。

为了给树木提供活力，可于2月中、下旬在树根周围施用化肥——将发酵油渣与颗粒状复混肥料等比混合，在土壤表面撒下约2L肥料，并用铲子轻轻混合。在9月中旬至10月上旬也以同样的方式施用1L肥料。

如果周围的树枝影响了玉兰的采光，可以在冬季至次年3月上旬将周围的树枝剪去，以改善通风与采光条件。在12月至次年2月修剪枝条，将1/2左右的长枝剪短，留下的部分变为短枝进而成为开花枝。

玉兰花。

木兰的开花方式与修剪

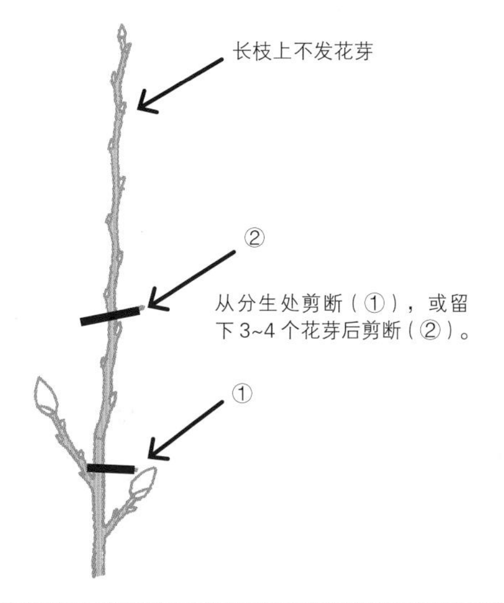

狭萼辛夷比紫玉兰花型略小。

●木兰的栽培日历

	1月	2月	3月	4月	5月	6月	7月	8月	9月	10月	11月	12月
开花期			●	●	●							
栽种期	●	●	●									●
移植期	●	●	●									
修剪期	●	●										●
施肥期	●	●							●	●		

Q 如何让常绿杜鹃每年开花?

A 了解日本常绿杜鹃与西洋常绿杜鹃的区别，仔细挑选苗木。

同为常绿杜鹃，但日本常绿杜鹃与西洋常绿杜鹃有很大区别。生长于日本北海道至九州的高山冷凉地带的常绿阔叶灌木为“日本常绿杜鹃”，而以喜马拉雅山脉的常绿杜鹃为原种在欧美培育出来的栽培种为“西洋常绿杜鹃”。

日本山梨县和长野县等相对寒冷的地区，有许多野生的日本常绿杜鹃，在这些地区种植常绿杜鹃基本没有问题。日本常绿杜鹃株型较为小巧，推荐种植‘屋久岛常绿杜鹃’或株型稍大的‘牧野杜鹃’。不过‘屋久岛常绿杜鹃’需要进行防寒处理。两种树的花蕾都为红色，开花时则转为淡红色至白色。

此外，经常隔年开花是日本常绿杜鹃的特征之一。若想让其每年开花，必须让树长至一定高度，在树木变得高大之前隔年开花是不可避免的。

‘屋久岛常绿杜鹃’的杂交品种（日本常绿杜鹃）。

Point 想要每年赏花，建议种植西洋常绿杜鹃。

西洋常绿杜鹃的花色丰富，较少出现隔年开花的现象，且耐热性好、易养活，既有大型苗木，也有株高 30~40cm 的小树苗。可依据花色与苗木大小进行选择。

如上所述，如果把有众多栽培种的西洋常绿杜鹃算在内，常绿杜鹃可以算是最容易种植的花木之一。除非盆栽时特意控制株型大小，否则基本可以每年开花。从种植难易度来看，西洋常绿杜鹃是不错的选择。

花色鲜艳的西洋常绿杜鹃。

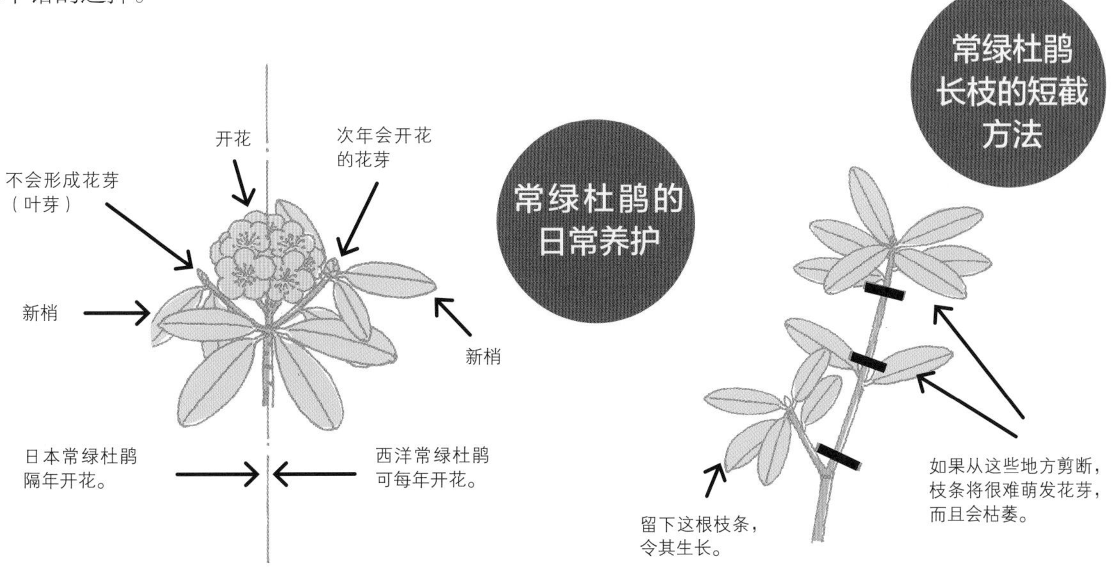

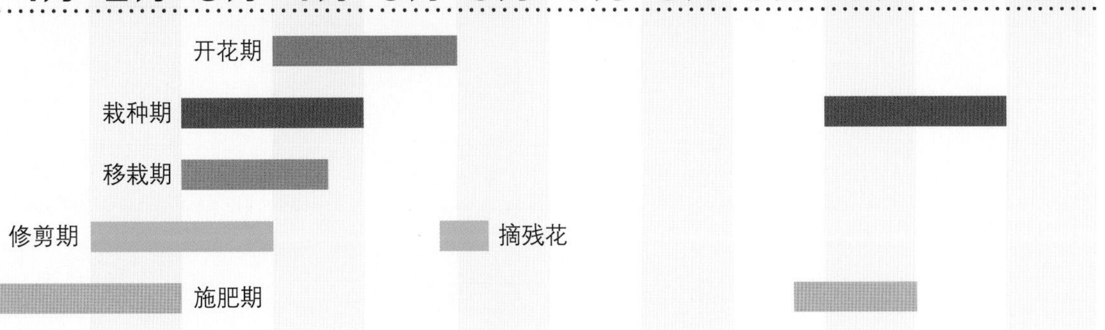

Q 如何让山茶每年大量开花？

A 晚秋到初冬将 2/3 左右的花蕾摘去。

山茶的种类之丰富令人震惊。例如，日本伊豆大岛自生的红色单瓣花山茶，其花朵大小、花色浓淡、树叶大小、生长速度等方面都差异较小，种子也较容易萌发成树苗，一般会开出直径为 4~6cm 的五瓣红花。

重瓣花、复色花、白色花等栽培种可能无法结种子，或者即使结出种子，也无法培育出与母本相同的花朵，植株的花形与颜色很可能都不相同。

山茶的栽培品种较多，市面上流通的多为扦插苗。如果将扦插苗种植在庭院中，植株会快速生长，树枝也会生机勃勃地不断伸长，但花朵却迟迟不开。因此，想要让山茶尽早开花，应该在开花前将其种植在花盆中，控制其生长速度。

一旦到了开花的树龄后就可以顺利地养育下去了。晚秋到初冬之际山茶花盛开，树叶几乎要被遮掩不见，此时可以将 2/3 左右的花蕾摘去以防长势衰弱。即便摘去 2/3 的花蕾，花量仍旧可观，既不影响观赏，又可缓解树木生长疲劳。

山茶‘加茂本阿弥’，白色单瓣大花。

山茶‘太郎冠者’，中型花。

Point 每年施肥两次，提早预防虫害。

将油渣与颗粒状复混肥料等比混合，1 月至 2 月上旬将约 2L 的肥料作为冬肥埋于树根周围。另外，在 9 月中旬至 11 月上旬抓两把颗粒状复混肥料撒于树根。

在花期过后立即疏枝，并且要十分提防茶毒蛾、介壳虫、蚜虫等虫害的发生，务必尽早驱除。

山茶‘南希・里根’，花色艳丽的重瓣花。

羸弱树枝的生长方式

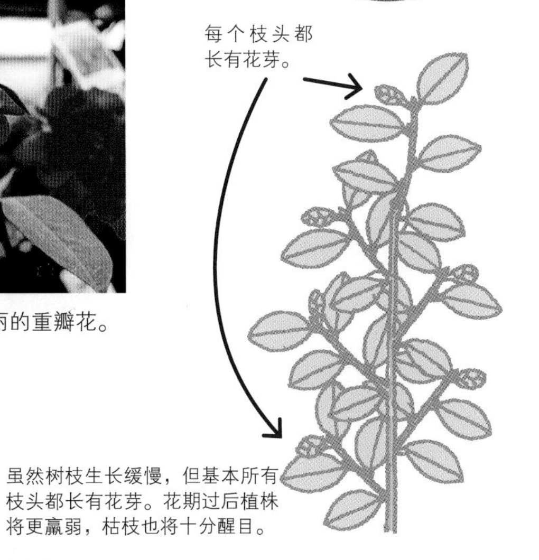

正常树枝的生长方式

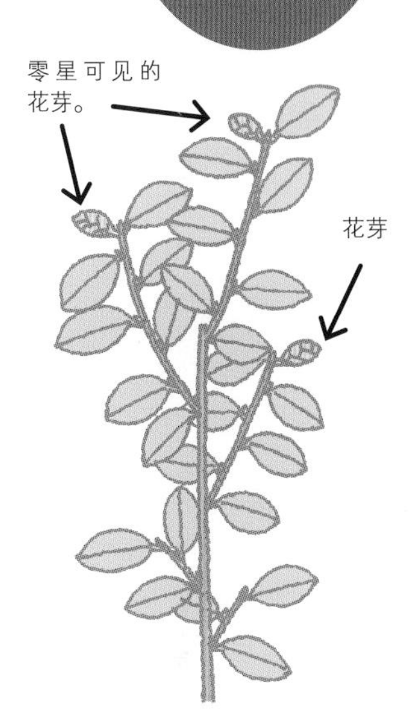

●山茶的栽培日历

1月 2月 3月 4月 5月 6月 7月 8月 9月 10月 11月 12月

开花期

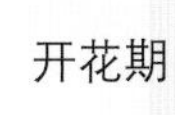

栽种期

移植期

修剪期

施肥期

没精神！

Q 为什么瑞香无精打采，似乎要枯萎了？

A 瑞香不喜潮湿，应种植在排水良好的土壤中。

瑞香科植物分布于亚洲至欧洲，有 90 余个品种。花香宜人的瑞香则广泛分布于中国中部、南部，为常绿灌木，也有花朵为白色和杂色的栽培种。

如果瑞香长势不佳，可以先检查一下庭院土壤的土质。日本关东地区的农田地带过去曾有火山喷发，火山灰堆积形成了“洪积层”（洪积土）。而大多数水田地带，则因大河洪水而沉积下了颗粒细小的黏质土壤，被称为“冲积层”（冲积土）。这两种土壤有极大差别，前者土壤下层有赤玉土层，其上为富含有机质的疏松土层，排水能力好，适合种植蔬菜与瓜类。而冲积土为颗粒十分细小的黏土，排水性差。

瑞香根皮厚实且柔软，细根较少，极其不喜过度潮湿。种植在排水性差的黏土中的瑞香在 4—6 月会因病菌而根部腐烂，进而突然枯死。这种情况下无论如何养护，多数都将在 1~2 年内枯萎。

瑞香花，外侧为淡红色，内侧为白色。

Point 将黏质土换成排水性好的土壤。

由于上述原因，如果排水性较差或土质为黏土，那么应该在现有的庭院土壤上堆放 $1m^3$ 以上的农田洪积土或赤玉土并混入 20%~30% 的腐叶土（堆起而非平铺）后，再种植瑞香。如为盆栽则需要注意三点：一，花盆不宜过大；二，不要破坏根团；三，不要切断树根。在花盆底部放入颗粒较大的沙质土，然后将小粒红陶粒、腐叶土、鹿沼土按 5 ∶ 3 ∶ 2 的比例混合后用于种植瑞香。酷暑时可以将其搬放到半阴处，但始终要注意环境不可过于潮湿。不过，即使种植在适宜位置，瑞香的寿命也仅有 40~50 年。

瑞香很容易在盆中种植。

瑞香的栽种方法

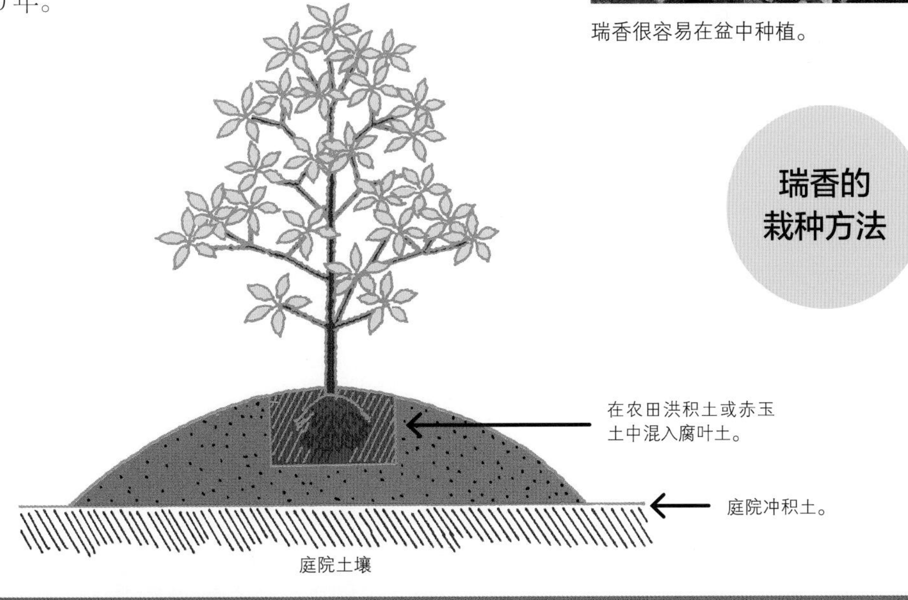

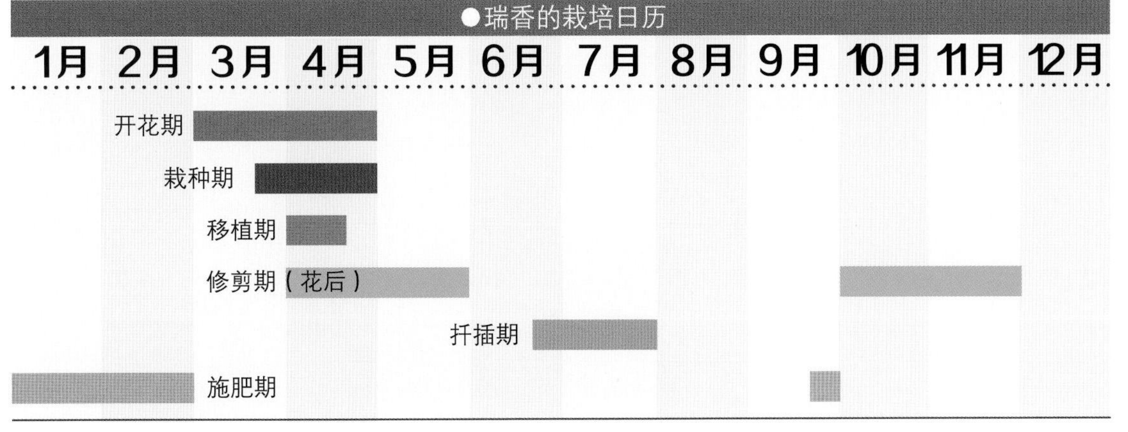

Q 日本吊钟花盆栽为什么枯萎了?

A 移栽到排水好的酸性土壤中吧!

日本吊钟花盆栽的养护方法并不困难，如果家里正好种着皋月杜鹃、钝叶杜鹃或常绿杜鹃的话，那用同样的方式养护日本吊钟花即可。

日本吊钟花为杜鹃花科吊钟花属，与其他杜鹃花科植物一样，根部较细，喜酸性土壤，适宜种植在排水性好的土壤中。花盆可以选用塑料控根盆或者素陶矮盆，盆底铺中颗粒至大颗粒的红陶粒或大颗粒鹿沼土，有助于改善排水。将细粒赤玉土、细粒鹿沼土、泥炭苔 3 ∶ 5 ∶ 2 的比例混合后用于种植土，在 2 月下旬至 4 月栽种树苗，并用细棍拨动土壤，使其紧密包裹树根。栽种后要充分浇水，为防止雨水溅入，可以将花盆放在日照和通风良好的窗台上。此外，可以在土壤表面铺上湿润的水苔以防干燥。

秋季的鲜艳红叶也很静美。

Point 不要选用太大的花盆。

重点是要依据苗木大小选择花盆，花盆不宜过大。去掉苗木根团上的土，甚至可以用水清洗根部。虽然日本吊钟花耐干旱，但在根系长好之前，要尽量避免植株过于干燥。如果没有信心能将根部的土清除干净，可以在盆底多放入一些粗粒砂土，然后用与根团土壤相同的疏松黑土混合的鹿沼土和腐叶土(各 20%)作为盆土。

当扎根完成后，在次年落叶期即 1—2 月将长枝剪除，并在 2 月和 8 月下旬至 9 月上旬施用少量油渣。

日本吊钟花春季开花，花朵形似铃兰，十分可爱。

日本吊钟花盆栽

用湿润的水苔护根。

细粒红陶土 3
细粒鹿沼土 5
泥炭苔 2

大颗粒鹿沼土。

因其较耐修剪，常用作树篱。

●日本吊钟花的栽培日历

	1月	2月	3月	4月	5月	6月	7月	8月	9月	10月	11月	12月
开花期				■	■							
红叶										■	■	
栽种期		■	■	■								
移栽期			■	■								
修剪期（花后）	■	■		■	■	■						
施肥期		■						■	■			

Q 红叶石楠为什么长斑点了?

A 从 4 月开始就喷洒药剂提前预防吧!

红叶石楠非常容易患褐斑病。这种病害由丝状菌引起,患病树叶上会出现褐色斑点,严重时会导致树叶脱落,长势变差。虽然褐斑病由来已久,但从 40 年前开始,发生在红叶石楠‘红罗宾’上的褐斑病对农药的抗药性开始逐渐变强。

同流感病原体不断演化进而产生抗药性一样,褐斑病也在不断变化,以往的杀菌剂对其效果正在变弱。虽说杀菌剂也在更新,但是农药公司无法在短期内迅速开发出新药物。因此一般来说还是要使用以往的杀菌剂,例如苯菌灵可湿性粉剂、达克灵精、甲基托布津溶胶、灭菌丹可湿性粉剂、甲基托布津喷剂等。

春季绽放的白色小花,较为含蓄。

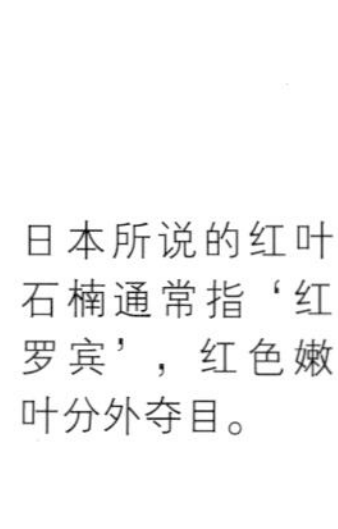

日本所说的红叶石楠通常指‘红罗宾’,红色嫩叶分外夺目。

另一种方法是更换树篱的树种。

4—6 月丝状菌的孢子飞散，从树叶气孔侵入植物，潜伏期约 1 个月。植株出现症状后再开始防治已是亡羊补牢。从病原菌孢子飞散的 4 月开始直至 7 月，应每隔 2 周仔细喷洒药剂。

如果喷洒药剂后还是不起效果，或者对定期施药感到负担，不如果断地更换掉树篱的品种。豆科的伞房决明、黄槐决明以及锦葵科木槿属都较耐修剪，少有病虫害，且可赏花。将树篱换成这几类树木也不失为一种好方法。无论如何，患病的红叶石楠树篱都很难恢复到原先的状态。另一方面，想要消除病原菌需要整个地区共同努力，仅一家防治不过是杯水车薪。

将红叶石楠‘红罗宾’修剪成圆润的形状，可作为庭院中的有趣点缀。

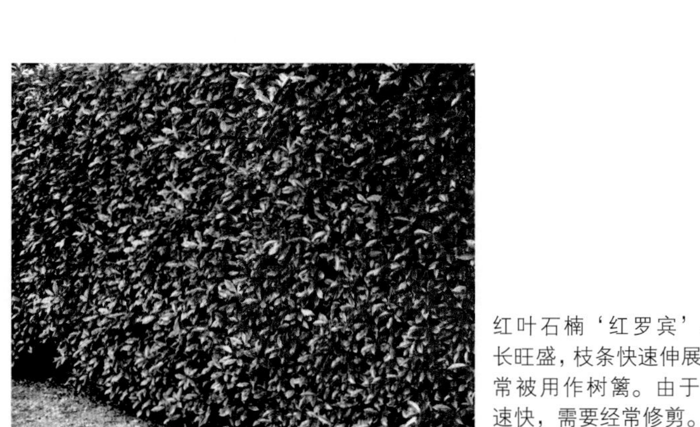

红叶石楠‘红罗宾’生长旺盛，枝条快速伸展，常被用作树篱。由于长速快，需要经常修剪。

●红叶石楠的栽培日历

1月 2月 3月 4月 5月 6月 7月 8月 9月 10月 11月 12月

开花期

赏叶期

栽种期

移栽期

修剪期

施肥期（1–2 月和修剪后）

Q 为什么光蜡树的叶片发黄脱落？

A 移栽到土质好的地方吧！

光蜡树的叶片极具清凉感，无论是欧式庭院还是日式庭院与之都十分般配，故近年来颇受欢迎。原产于琉球诸岛，在热带基本维持常绿状态，越来越多的人选择在庭院中种植此树。叶片细长、有光泽、形态优美，也是光蜡树受喜爱的原因之一。羽状复叶富有层次感，只种一棵也能满足赏叶的需求，若将约 3 棵较细的树苗以丛生状紧凑种植，可以进一步提升观赏性。

此树长势极旺，甚至会导致“长得太快了怎么办”这样的疑虑。植株习性强健，不太挑土质，但如果出现树叶发黄、脱落，顶部树叶失去光泽等情况，那有可能是土质过差所导致的。土质不好时，即使下方的树枝看似仍有活力，上方的树枝早已黯淡无光了。

光蜡树向上舒展扩张，但树形规整。小叶呈羽状排列，叶片优美而茂密。

Point 既要移栽，又要修剪。

在 4 月下旬至 6 月上旬将光蜡树移栽到土壤中。移栽前将树修剪至 2m 高左右，并剪去所有树叶，仅留下树枝。种植穴应挖得略大一些，土壤选用优质培养土并混入腐叶土或鸡粪等。光蜡树生长非常迅速，土质良好的情况下长势快得几乎恼人，想要控制高度时可以考虑移栽。

此外，要仔细检查树叶脱落处附近的树干是否有害虫啃食留下的伤痕或孔洞，一旦发现，应从伤痕或孔洞下方将枝干剪断，这样才能重新长出健康的树枝。但总而言之，光蜡树本来就是会长成高大乔木的树种，在种植前先了解再决定是否在花园里种植。

果实累累的光蜡树。长约 3cm 的细长翅果于 10 月成熟，果实呈白色。

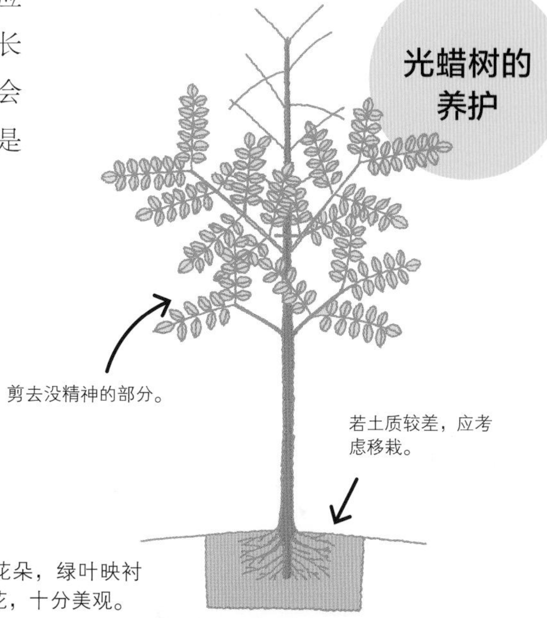

光蜡树的花朵，绿叶映衬着白色小花，十分美观。

●光蜡树的栽培日历

	1月	2月	3月	4月	5月	6月	7月	8月	9月	10月	11月	12月
赏叶期	■	■	■	■	■	■	■	■	■	■	■	■
开花期					■							
结果期							■	■	■	■		
栽种期				■	■	■						
移栽期				■	■	■						
修剪期				■					■			
施肥期（仅限盆栽）		■	■									

Q 绣球‘贝拉安娜’枝条、花朵低垂怎么办?

A 尽量降低株高，让植株强壮起来。

‘贝拉安娜’是原产于美国的乔木绣球，开满小花的花序在新枝枝头呈球状盛开。花序饱满，但相比之下枝条较细，风吹雨打时容易从花茎顶端开始下垂。这是植物本身的特性所造成的，无法完全避免，但注意以下几点有助于改善花朵垂头问题。

日本原产的绣球多为老枝条开花，即今年的树枝顶端的芽会分化为花芽，次年花芽才会开花。而‘贝拉安娜’与日本绣球不同，今年长出的新枝顶端就会开花，所以即使在冬季至次年早春修剪也不必担心。只需将所有枝条从地面剪断即可，相比于日本绣球，‘贝拉安娜’可以说是非常易打理。

乔木绣球‘贝拉安娜’，花蕾为绿色，盛开后为白色，呈丛生状态生长。

Point 在严寒地区可用枯叶和稻草防寒。

为防‘贝拉安娜’的枝条弯折，首先要控制植株的高度。12月至次年3月上旬要将枝条从地面剪去，但是在冬季极为寒冷的东北地区，3月下旬之前可以将枯叶或稻草厚厚地铺在根部以抵御寒冷，这样便可每年发新枝开新花。

其次，土壤中含氮较多会使植株长势变弱，可以在2月将发酵油渣与骨粉等量混合施于根部，促进植物抽枝。

还有一点比较重要的是，要种在排水好、日照好的位置才能使绣球的枝条健康饱满。按照上述方法精心养护枝条，就很少会出现垂头现象，可以尽情欣赏花朵。

也可以购买园艺市场销售的支柱，用以辅助支撑花枝以防垂头。

乔木绣球‘贝拉安娜’的修剪

‘粉色贝拉安娜2号’高约1m，适宜盆栽，花色被改良为浓艳的粉色。将枝条从花朵下方剪断后会二次开花。

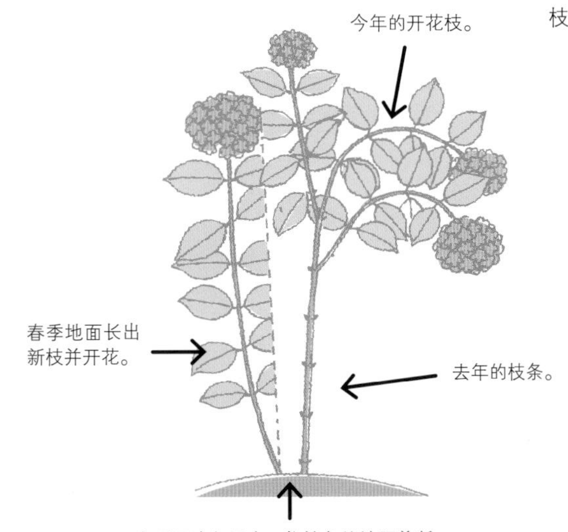

●绣球‘贝拉安娜’的栽培日历

	1月	2月	3月	4月	5月	6月	7月	8月	9月	10月	11月	12月
开花期						■	■					
栽种期		■	■									
移栽期		■										
修剪期	■	■	■									■
施肥期	■	■							■	■		

Q 为什么齿叶冬青绿篱慢慢枯萎了？

A 首先要区分是病害还是虫害。

齿叶冬青为冬青科常绿树，经常被用来打造绿篱，是一种广受喜爱的树种。此树长势旺盛，耐修剪，虽然常作为庭院中的配角，但其表现在庭园树木中可以称得上“优等生”。尤其是制作绿篱时，齿叶冬青与红叶石楠‘红罗宾’、落叶树日本吊钟花可谓是经典搭配。

当齿叶冬青绿篱开始逐渐枯萎时，先要仔细观察它是如何枯萎的。枯萎的状态有许多种，比如是成排种植的树中有一棵枯萎了？还是众多树枝中的一部分枯萎了？如果是后一种情况，那么枯萎的是根部还是顶端？

由于齿叶冬青较少患病虫害，所以枝条枯萎一般很少是由病虫害引起的。偶尔会因强剪引发纹羽病，此时树木会整棵枯死。如果只有 1~2 根树枝枯萎时，应将枯死的或正在枯萎的树枝剪掉，仔细观察断面，并将树枝纵向撕开，查看中间是否藏有长不足 1cm 的幼虫。一旦发现幼虫，要将树枝焚烧，并施用可向全树渗透扩散的杀虫剂（乙酰甲胺磷可湿性粉剂等）。

齿叶冬青可修剪成圆球形，
也可以做成其他造型。

Point 每年施肥一次、杀虫两次。

因为不了解“慢慢枯萎”的具体症状和状态，所以无法很明确地回答这个问题。但如果是部分枝条枯萎，可以从比枯萎处稍下方的位置将树枝剪断；另外枝条枯萎也有可能是由根部问题引发的，所以可以尽量大面积地为根部施肥，给根部提供充足活力。若是某一棵树枯萎，可以将树拔掉，并挖去尽可能多的土壤，更换新土后补栽一棵同样大小的树苗。

由于树篱未必种在土壤条件优渥的位置，所以每年1—2月需要施一次肥（发酵油渣5：颗粒状复混肥料5），5月中旬至9月需喷洒两次杀虫杀菌剂。

齿叶冬青树篱繁茂，绿意盎然。

刚刚修剪好的齿叶冬青树篱十分干净利落。

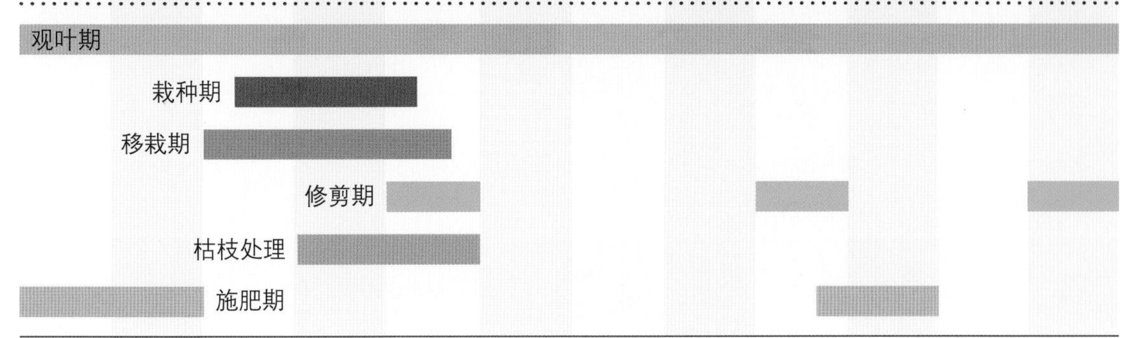

Q 为什么三叶杜鹃长势不佳?

A 重新评估环境，移栽到日照与排水良好的位置。

三叶杜鹃为落叶阔叶灌木，树叶为略微圆润的菱形，因细长的枝梢上总是长有 3 枚树叶而得名。展叶前树梢会绽放紫红色的花朵，宣告春天的到来，广泛分布于日本东北地区、近畿地区与本州。而关东地区则较多种植土佐三叶杜鹃。二者的差异在于雄蕊的数量，三叶杜鹃有 5 枚雄蕊而土佐三叶杜鹃有 10 枚，市面上将二者统称为三叶杜鹃。

那么说回“长势不佳”这个问题，首先要看看三叶杜鹃所种植的位置——大多数人应该是将其种在庭院里，但是还需进一步查看土壤状况。黏土和沙砾为主的土壤，并不适宜栽种三叶杜鹃。

如果种植的三叶杜鹃长势不好，很有可能是土壤不适宜造成的，建议移栽到其他位置。如果株高在 1.5m 上下，那不用拜托专业园林人士，完全可以自行移栽。

东国三叶杜鹃，因多生于日本关东山地而得名。

早春，山上的三叶杜鹃优雅地盛开了。花期过后开始展叶。

Point 选用排水性良好的土壤，填土应高于地面。

要谨记杜鹃类植物不喜过于潮湿的环境，应选择日照充足、排水良好的位置种植。使用混合土有助于改善排水性，具体比例为细粒至中粒赤玉土 3 ：鹿沼土 5 ：未调整酸度的泥炭 2。苗木以 40~50cm 高为宜，填土时让土壤隆起高于地面，或者在四周用圆石块或混凝土块搭建一个 1~1.5m 宽的围坛。若是移栽，建议在花期过后的 2~3 月进行。

三叶杜鹃的栽种方法

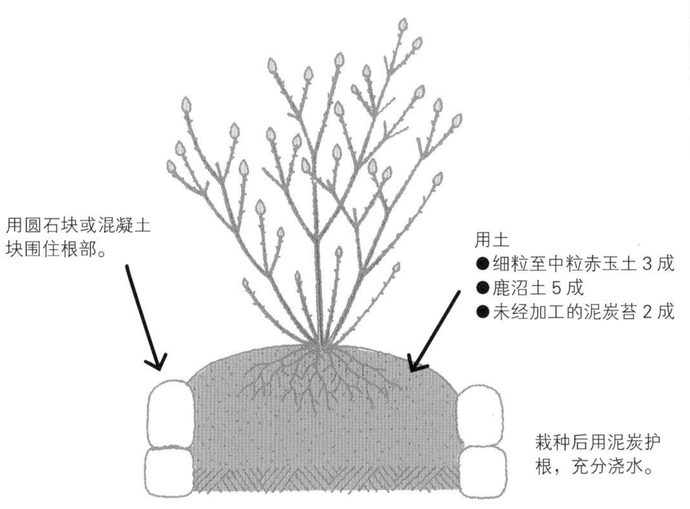

●三叶杜鹃的栽培日历

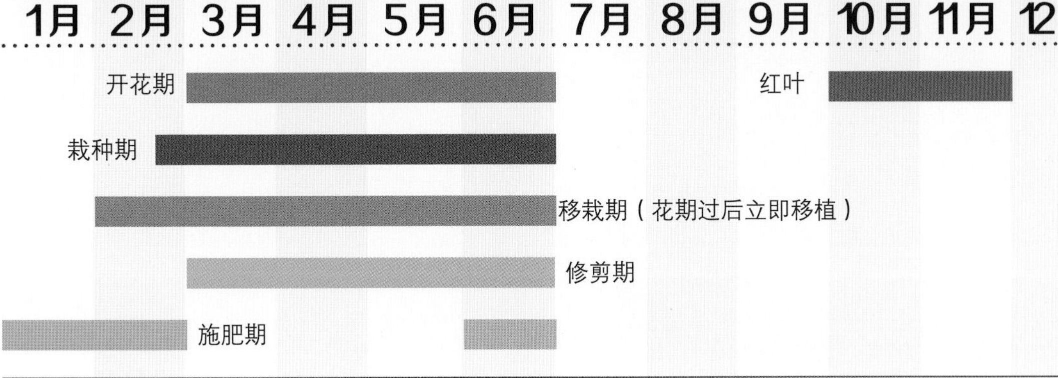

Q 如何治疗樟树枝叶上的灰褐色病斑？

A 可能是患上了炭疽病，应喷洒药剂或剪除树叶。

樟树的常见病害中，炭疽病较为典型。发病后枝叶上出现灰褐色或黑褐色病斑，呈椭圆形，大小不一，病变部位会逐渐干枯。樟树因风雨吹打受伤时或害虫吸食汁液时，病原菌会趁机进入植株内部引发病害。虫害部位肉眼即可发现，所以可以集中对受害部位喷洒杀虫剂以驱除害虫。相反，病害会在植物体内潜伏 1 个月以上，扩散后才会显现出症状，直至此时才能发现病害并喷洒杀菌剂。这时虽然要为发病部位集中喷药，但看似健康的枝叶上也可能已经有病原菌潜伏其中，这正是无法直观识别病害的可怕之处。

防治炭疽病最有效的药剂是苯菌灵可湿性粉剂。施药期分别是发生初期（3 月下旬至 4 月上旬）、梅雨前后（6 月下旬或 8 月上旬）、发生末期（9 月中旬至 10 月上旬），用强力电动喷雾器给树木的所有部位，特别是树叶内侧大量喷药。炭疽病基本无法在 1 年内根治，需要 2~3 年坚持不懈地防治，所以交由专业人士打理也不失为良策。虽然根据樟树的种植位置和发病原因会有所差异，但总体而言根治需要花费相当多的费用和时间。

樟树为著名的动漫《龙猫》中“龙猫”所居住的树。偶尔会长成超过 10m 高的大树。

Point 也可以在春天剪掉所有小枝与树叶。

另外还有一种简单粗暴的防治方法，即在 3 月下旬至 4 月上旬将易发病的树叶与小枝全部剪去，让光秃的树干在 4—5 月重新长出枝叶。剪掉的枝叶不要留在庭院中，把它们装进塑料袋然后集中焚烧处理。此外，如果修剪粗枝的话，为保护断面要敷上甲基托布津涂抹剂，同时在 6—7 月每隔 10 天施用两次苯菌灵可湿性粉剂，重点喷洒树叶内侧，可以提升防治效果。

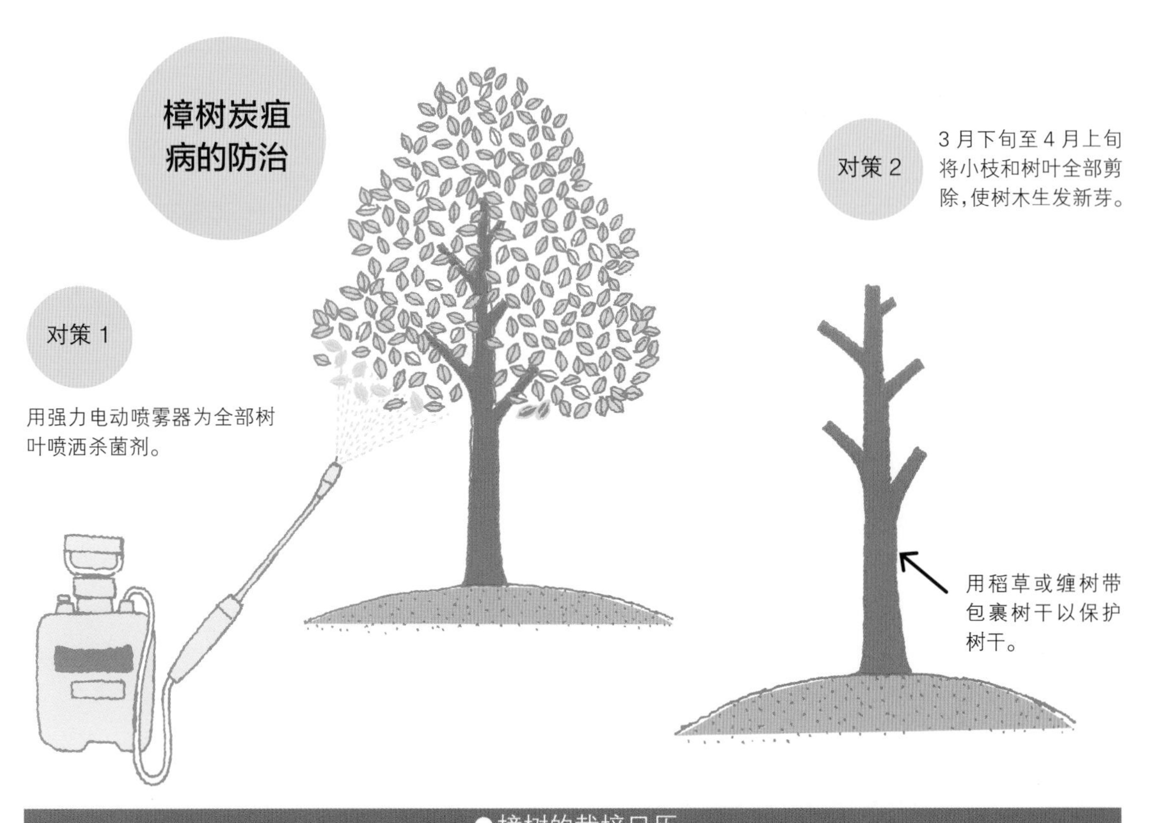

●樟树的栽培日历

1月 2月 3月 4月 5月 6月 7月 8月 9月 10月 11月 12月

开花期

栽种期

移栽期

修剪期

实生

不结果！

Q 如何让蓝莓多结果？

A 种植多个品种，使其互相授粉。

蓝莓，杜鹃花科越橘属的落叶灌木。植株健壮、易栽培，在狭窄处、花盆甚至泡沫箱中都能生长，并且也没有需特别注意防范的病虫害。因此在30~40年前，蓝莓取代了风靡一时的猕猴桃，成为家庭果树的代表。

经常听到有人抱怨蓝莓树虽然花开得旺盛，但总结不了果。那我们先来仔细观察一下花朵。蓝莓花冠似吊钟形，顶端略微闭合，不像其他花朵可以一眼看到花蕊。蓝莓花的雌蕊与雄蕊藏在吊钟形花冠的中央。蓝莓的花朵大多朝下开放，这种结构不利于风媒授粉，而且同一种花的雄蕊即使给雌蕊授粉，也无法结出果实。

因此，应尽量紧凑地种植3~4个不同品种的蓝莓，这样有助于改善挂果率。此外还可以在四周种植一些和蓝莓同时开花的植物，吸引更多的昆虫聚集过来。

蓝莓可以分为高丛蓝莓和兔眼蓝莓两个品系。高丛蓝莓的果实大而香甜，但土壤需要调整酸度；兔眼蓝莓不太挑选土质，较易栽培，但耐寒性差，喜欢温暖地区。蓝莓新品种的培育也正在如火如荼地进行当中，已经出现了可以独自开花结果的品种。不过比起单个品种，还是种植两种以上果实会结得更多。最近也培育出了一年多次结果、四季开花的新品种。

蓝莓果实。熟透的果实十分香甜，让人想立刻摘下来尝尝。

Point 进行人工授粉以确保果实累累。

人工授粉也是十分有效的办法。用棉棒交替触碰相邻品种的花朵中心部位，若种植了3~4个品种，不要只将1和2、3和4分别授粉，而是应该以1→2→4→3→1→4这样的随机顺序触碰花蕊。

按照上述方式为多个品种的小花一一授粉确实要花上不少时间，但不妨尝试一下，效果会让你惊喜。

蓝莓吊钟形的白花十分可爱。花冠长5~10mm，与日本吊钟花很相似。

‘蓝色马芬’四季开花，一年结果两次。

也可在盆中栽种。

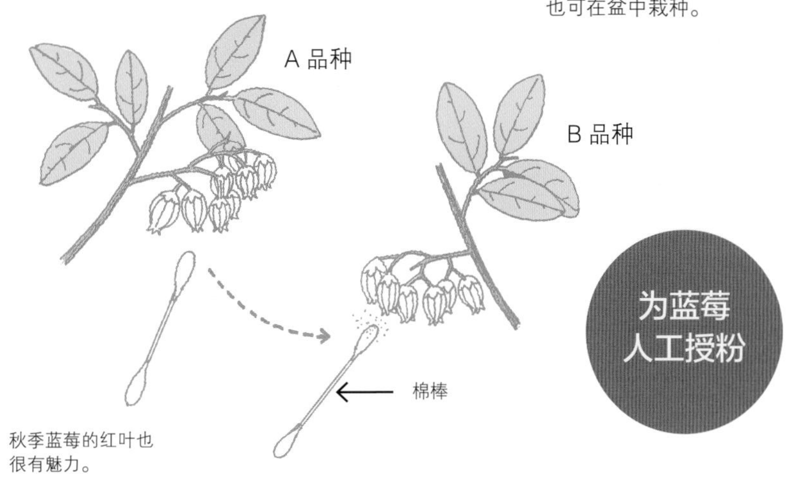

秋季蓝莓的红叶也很有魅力。

●蓝莓的栽培日历

1月 2月 3月 4月 5月 6月 7月 8月 9月 10月 11月 12月

果实　红叶

开花期

栽种期

移栽期

修剪期

施肥期

Q 如何防范柿树和梅树落果?

A 柿树落果可能是因为生理失调或柿蒂虫虫害，梅树则需慎重选择品种。

秋季逐渐变红的柿子。

柿树的花朵小而朴素，不太引人注目。

一般来说柿树果实又多又好（不过，‘富有甜柿’和‘次郎甜柿’只有雌花而无雄花，需要将其种植在花粉较多的品种中间），但是在生育过程中也经常出现落果现象，原因主要有二。

一是 6 月下旬，果实会随蒂一起脱落，这是由于果实过多引起的“生理性落果”。这种落果很难预防，只能在掉落之前摘下果实。依据枝条长度，在每根枝上留下 1~2 个形状饱满、果蒂结实的柿子，将其他柿子全部摘下。

二是落果常发生在收获前的一个月，根源在于柿蒂虫。幼虫会从果蒂和果实之间钻入，受害果实会变为橙色而后脱落，但果蒂仍留在枝上。应在 6 月中下旬及 7 月下旬至 8 月上旬，向果蒂部分集中喷洒杀螟松 1000 倍液以驱除幼虫。

以赏花为目的培育出的梅树‘月宫殿’不结果。

初夏尚未成熟的梅子，也称为“青梅”。

成熟的梅子。

Point 若想品果，则应种果梅。

梅可以分为以收获果实为目的的“果梅”和以赏花为目的的“花梅”。花梅一般不结果，若结果则长至小指尖大小时便脱落。果梅中也有无法自花授粉的品种，需要由其他品种授粉，否则结出的果实个头小、品质差，也可能会中途落果。

如果果实常年脱落且品质不好，那么很有可能种植的是花梅，或者是需要异花授粉的果梅。若想收获品质好的果实，可以选择能够自花授粉的‘丰厚梅’‘梅乡梅’‘小粒南高梅’等品种。

此外，如果蚜虫异常滋生，会导致树叶萎缩、植株不结果或落果等。要仔细观察枝叶上是否有蚜虫，一经发现应在冬季喷施马拉松乳剂或杀螟松乳剂用以驱虫。

早春，红梅布满枝头。

乌柿（老鸦柿）果实小巧可爱，做观赏之用。也可盆栽。

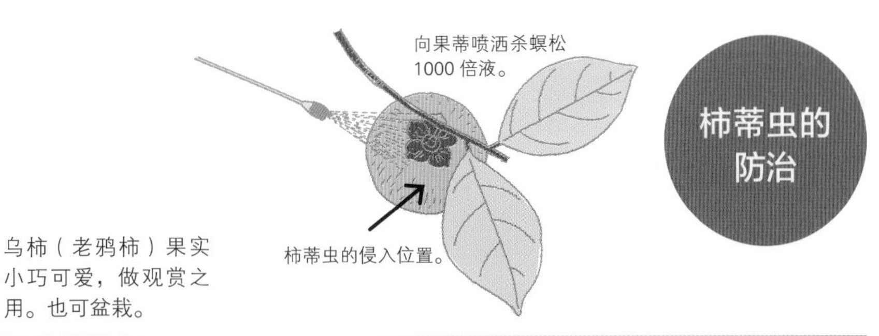

●梅树的栽培日历

1月 2月 3月 4月 5月 6月 7月 8月 9月 10月 11月 12月

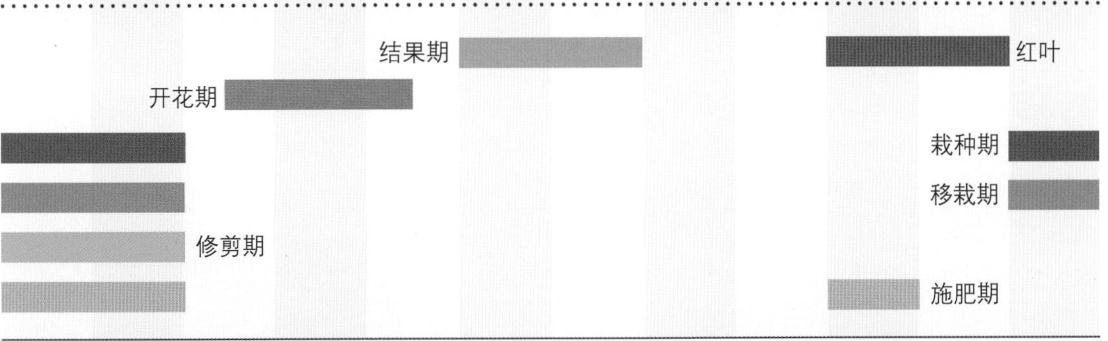

●柿树的栽培日历　*除开花期和结果期不同外，其他和梅树相同

1月 2月 3月 4月 5月 6月 7月 8月 9月 10月 11月 12月

开花期

结果期

Q 如何让日本紫珠结果?

A 重新审视一下日照与土壤等栽培环境。

在庭院中种植的紫珠类树木主要有4种：树高2~3m的日本紫珠、果实稍大的变种朝鲜紫珠、细瘦弯曲的树枝上结出累累果实的白棠子树、果实为白色的白花日本紫珠。在秋季出售的盆苗当中，白棠子树和白花日本紫珠占据绝大多数。

日本紫珠为落叶灌木，枝条细密，可长成较大株型，想要保持株型的整齐美观不太容易。新长出的饱满短枝会在次年萌芽，新梢的叶腋（树叶基部内侧）会开出许多淡红色的小花而后结果。初秋紫色果实成熟，当树叶飘落时，它们仍俏丽地悬挂于枝头。

白棠子树，株型低矮但规整，呈丛生状。此时正值开花的初夏时节。

白棠子树果实为直径3mm的球形，成串结于叶腋处。

白棠子树从初夏起整个夏季开花。

日本紫珠的果实。与白棠子树相比，果实较大但略少。

Point 仅大致疏枝或缩剪即可。

由于树枝生长细密，很难仔细逐一修剪，所以在不结果的 2 月至 3 月上旬大致疏枝或缩剪即可。不结果也就意味着不开花，导致这种情况的只可能是种植位置过于荫蔽或土壤贫瘠这两方面原因。

如果观察山野或者自然公园中的日本紫珠，会发现大多数都是多株一起生长。虽说此花不是雌雄异株，但似乎邻株授粉会更容易结果。不过因为要优先考虑开花问题，所以改善日照、土壤条件，调整生长环境更为重要。

如果想在庭院中种植的话，则更为推荐白棠子树和白花日本紫珠这两个易栽培的品种。冬季贴近地面将它们的枝条剪断，新梢会非常顺利地开花结果。若任树枝自由生长，几年后将会变得长且弯曲，直至 1~2m 才会停止生长。

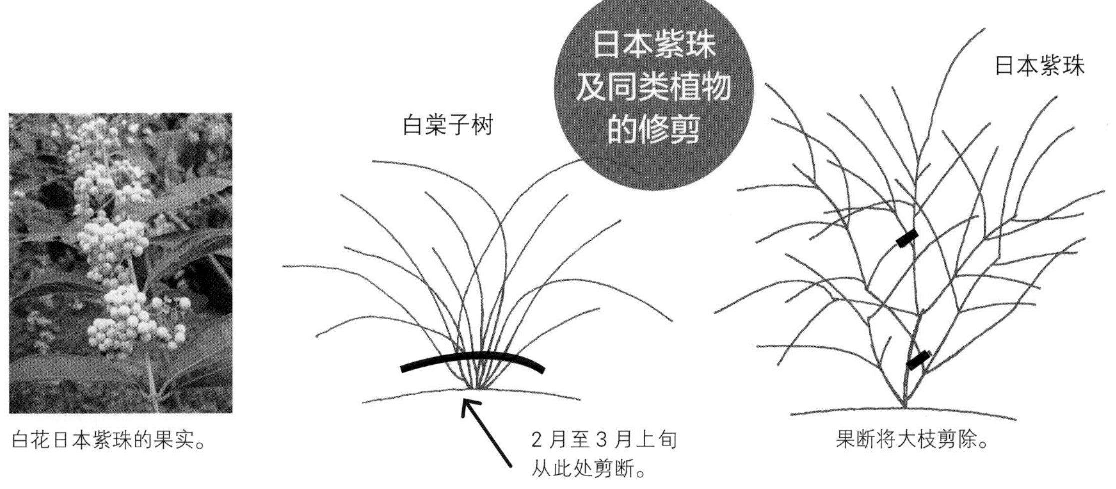

白花日本紫珠的果实。

●日本紫珠的栽培日历

	1月	2月	3月	4月	5月	6月	7月	8月	9月	10月	11月	12月
开花期						●	●					
结果期	●									●	●	●
栽种期	●	●										
移栽期	●	●										
修剪期	●	●										
施肥期	●	●							●			

Q 如何让水榆花楸结果？

A 在开花结果之前一定要精心栽培。

水榆花楸是蔷薇科、花楸属落叶阔叶树，秋季枝头会成群结出红豆大小的果实，成熟后变为淡红色，因此日本称其为“红豆梨”。此前很少将水榆花楸用作绿化树，但可能是受追求自然的潮流的影响，近来将其作为绿化树或庭院树栽培的例子越来越常见。

山中的野生水榆花楸可长至 10m 高以上，但种在庭院中一般长不到这个高度。因其用作庭院树的时间还不久，所以在市场上还不算是主流树种。大多数水榆花楸树干较细，估计是由种子萌发的实生苗长成的。实生苗的树干如果不能增粗生长，很有可能无法开花结果，不过也存在个体差异。树高 1.8m、树干直径 4~5cm 的水榆花楸虽枝干略显稀落，但仍可正常开花。

水榆花楸的果实与枝干。秋季树叶由黄色渐变至橘色，甚是值得赏玩。

Point 实生苗存在个体差异，开花树龄也各不相同。

实生苗的个体差异大。而由挂果率高的树木培育出的嫁接苗很难买到。像日本四照花这类花大而优美、家喻户晓的品种，一旦实生苗中出现了花形和花色优异的个体，通过嫁接方式就能立刻培育出大量新苗木，当嫁接苗达到 1000 棵左右时就可开始销售。

通常苗木中实生苗的比例仅占 1/1000~1/500。即便将同一种子培育出的苗木在同一土地、按同一方式栽培，花期、花形、花色还是可能各不相同，不过到一定树龄后都会开花结果。

因此，尽管可能需要几年时间，但水榆花楸总会开花结果的，耐心仔细地照料它即可。

水榆花楸的果实形似小球，直径 7~8mm。橘红色的果实挂在枝头，很有韵味。

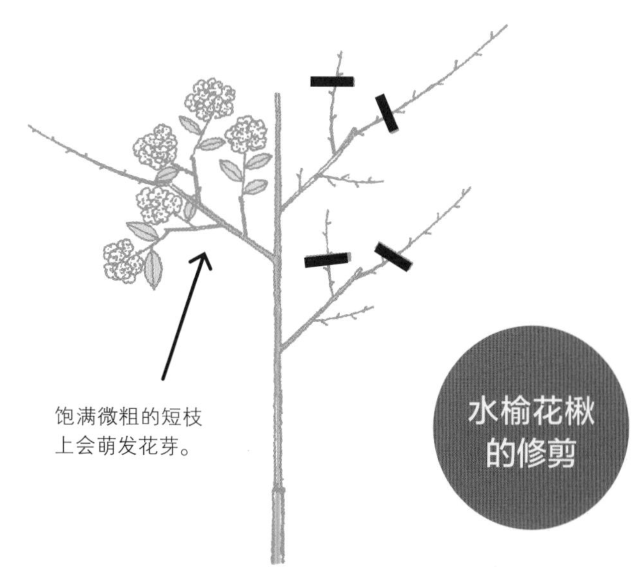

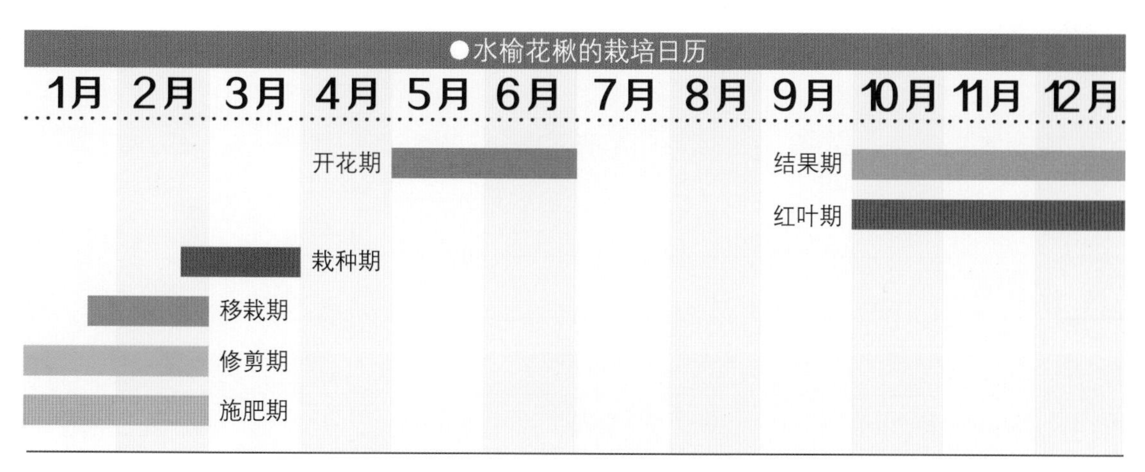

Q 为什么樱桃不结果?

A 从易栽培的角度，推荐种植酸樱桃中的中国樱桃。

樱桃广泛分布于美国、加拿大、中国，以及欧洲、中亚等地，有约 20 个野生品种，可分为甜樱桃和酸樱桃两类。目前普遍种植的甜樱桃全称为欧洲甜樱桃，有诸如‘佐藤锦’和‘那翁’等多个栽培品种，在气候较凉爽的地区是人见人爱的初夏水果。另一边，酸樱桃虽然小但易开花结果，比如原产于中国的‘唐实樱’和‘白花唐实樱’，日本一般统称其为“中国樱桃”。

中国樱桃。

中国樱桃易于在庭院中栽培，如果植株健康的话每年可以收获许多果实。

种在肥沃土地上的甜樱桃反而不易结果。

日本培育出的甜樱桃苗木都以日本山樱作为砧木。如果种植的甜樱桃 5~6 年后仍不开花，有可能嫁接时的接穗已经枯萎，但砧木芽还在继续生长。因此有必要检查一下枝条是从哪个部位长出的。另外，种植在肥沃土壤中的甜樱桃即使过了 5~6 年也不会结果，日益繁茂的只有枝叶罢了。这种情况下可以将粗根砍断，以抑制生长。还需注意的是，甜樱桃无法靠自花授粉结出果实，单独种植一棵樱桃树即使开花也很难结果。

中国樱桃这种酸樱桃被称为“暖地樱桃”，在温暖地区也能茁壮生长，且只需一棵便可开花结果，但果实形状较小。从易栽培的角度更为推荐这种樱桃。在日本，5 月前后大型的园艺店都会出售开满花朵的酸樱桃苗木，一般为 5~6 号盆大小，苗高 60~80cm。购买这类树苗种在庭院中，就可以每年享受樱桃开花结果的乐趣了。

樱桃中人气颇高的欧洲甜樱桃‘佐藤锦’，果实大且味道甜美。

●樱桃的栽培日历

1月 2月 3月 4月 5月 6月 7月 8月 9月 10月 11月 12月

开花期
结果期
栽种期
移栽期
修剪期
施肥期

Q 哪种南天竹易结果?

A 推荐南天竹、笹叶南天竹、中国南天竹等品种。

在日语中“南天”发音同“难转”，有“改变困难”之意，自古以来日本人就因其美好寓意将其种植在庭院之中，而成熟的红色或白色果实也常被用于插花。南天竹健壮、易栽培，对很多人而言是生活中十分熟稔的植物。

南天竹包含不少品种与变种，一般所说的“南天竹”指的是花序大且易结果、累累果实向下低垂的品种。果实呈黄白色的“玉果南天竹”也是较易结果的品种。中国南天竹的花序小，和一般南天竹不同的是它的果实并不下垂而是直立生长，很适用于插花，有许多为切花而培育的品种。笹叶南天竹叶柄短，树叶聚集于枝干顶端，挂果率高，也是极为推荐的品种。

很难买到的筏南天竹与白筏南天竹形如其名，2~3 枝叶柄如同竹筏般密集排列，是十分珍稀的品种。此外还有唯一的斑叶品种斑叶南天竹和可盆栽赏叶的锦丝南天竹。

为数不多的冬日结果植物中，南天竹算是最为常见的一种。

南天竹白花呈穗状，于梅雨季盛开。

Point 想要提高挂果率，应种在日照充足且排水性良好的地方。

南天竹生命力旺盛，如果不追求开花结果，那么种在半阴处或贫瘠的土壤中也没问题。若是希望结出繁茂的果实，则应该选种南天竹、中国南天竹和笹叶南天竹等挂果率高的品种。当然，充足的日照和排水性好的肥沃土壤有助于进一步改善开花结果情况。施肥时应使用氮含量低，磷、钾含量高的肥料。此外，将不同品种混合种植，果实会结得又多又好。

果实繁多的笹叶南天竹。

树叶会变红的南天竹‘御多福’，既可用作盆栽，也可用作地被植物。

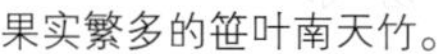

南天竹‘暮光之城’，株型较小，树叶上有白色斑纹。

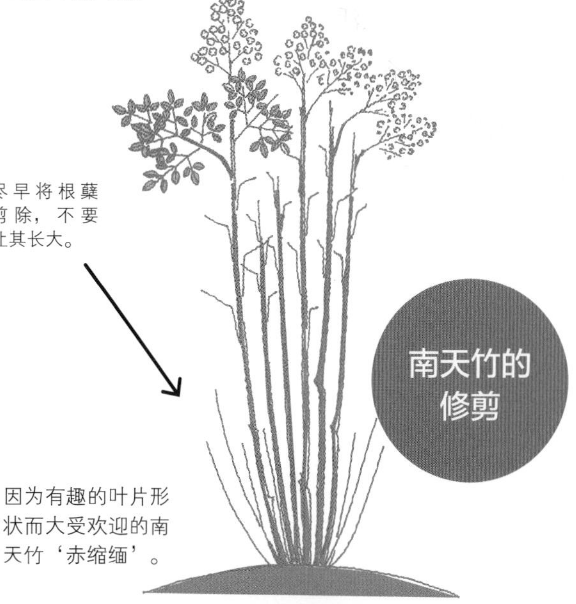

美丽的斑叶品种——斑叶南天竹。

因为有趣的叶片形状而大受欢迎的南天竹‘赤缩缅’。

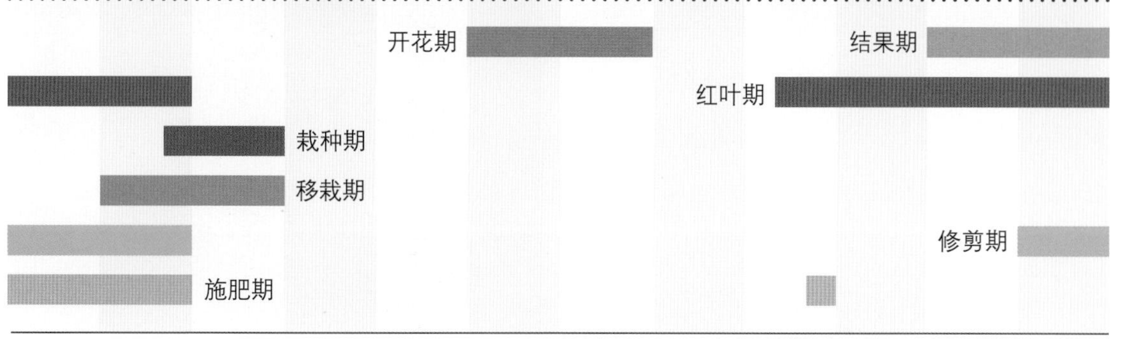

Q 木香花长得太大了怎么办？

A 果断修剪枝条进行疏枝。

木香花枝条无刺，病虫害极少，花朵繁密，因此人气颇高，许多新手在种植蔷薇类植物时会选择木香花作为入门品种。经常有人在面向马路的围栏边上栽种这种花。

市面上销售的木香花苗木株型较小，一般有 2~3 根枝条，且枝条比筷子更为细长，高度 40~50cm，看起来很是纤弱。但是只要庭院土壤条件良好，2 年左右就能在土中牢牢扎根，枝条也会逐渐粗壮，3~4 年就会密集长出粗长的树枝并向四方蔓延，养护时甚至有种生长失控感。

对这样的植株要果断在 1—2 月进行修剪。在修剪灌木蔷薇时，常要考虑应从哪处花芽上方剪断枝条，但木香花的修剪则相反，只需将从根部附近或树枝中部长出的粗长枝条，从分生处剪去即可。密集的细枝则可按剪去整体枝条数的 1/2~2/3 进行疏剪，这样植株会利落许多。只要留下一部分细小的枝条就不会发生不开花的情况，所以可以毫不犹豫地进行修剪。

木香花，原产于中国的藤本蔷薇属植物，开黄色小型重瓣花，枝条无刺。

Point 如果不需要新生枝条也可以剪去。

木香花生长旺盛，即使如前所述进行修剪，4—5 月又会长出壮如竹笋的新芽，如果新芽（枝）并无必要的话，可以在长至 50~60cm 时从分生处剪去。如果之后出现了多余的枝条也可以随时修剪，并不会引发枝条枯萎。

和其他藤本蔷薇属植物不同，木香花无法牵引到绿篱上做装饰，在宽阔的地方它会大方地舒展枝条，长成大片的花伞。如果想控制木香花的大小，建议将其种植在花箱或稍大的塑料花盆中。

牵引到墙面的木香花。

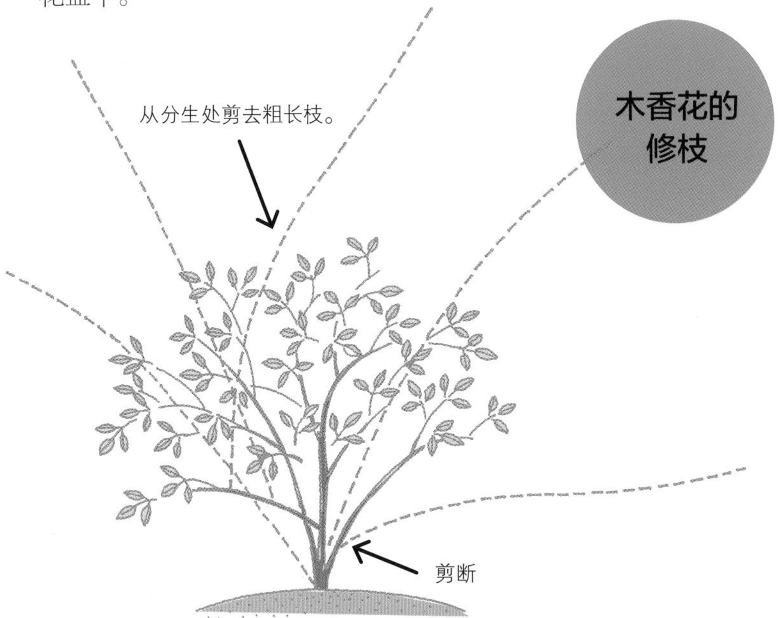

木香花植株健壮，在花盆中也能健康生长。

单瓣白木香开花略逊于木香花，但有淡香。

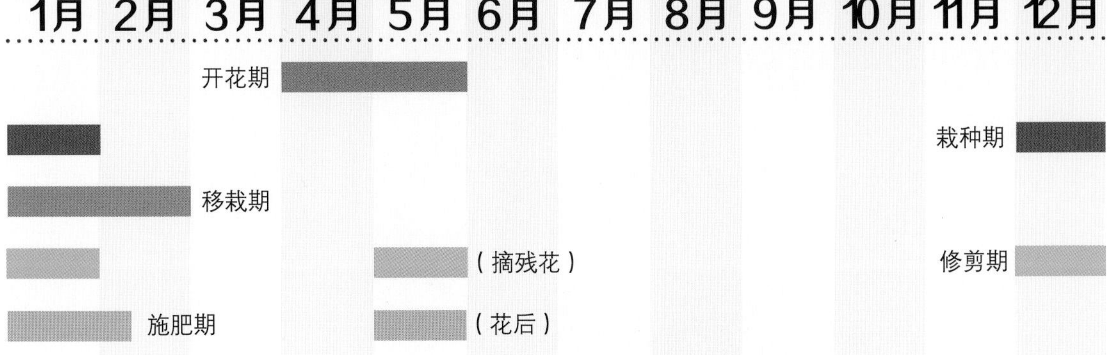

Q 珍珠绣线菊长得太高大了怎么办？

A 挖出植株，从基部将枝条剪断。

经常会听到关于珍珠绣线菊长得过大的苦恼。在庭院中扎根的珍珠绣线菊会每年不断地长出新枝，变得越来越大、越来越茂盛。由于修剪时要不断重复“长出新枝就剪掉”的过程，根茬会越来越粗大，同时也导致很难修剪出秀美的株型。想要控制植株大小，可以每3年就将珍珠绣线菊整棵挖出，将不需要的枝条从根部剪去。最好在1月进行该操作。

虽然比较麻烦，但首先还是得将大型的绣线菊植株挖出，留下15~20根长度相同的直立枝条，将周围的多余枝条剪去，这个大小对庭院树木来说正合适。过长的根系大幅度剪短也没关系，如果还想种回同一位置的话，可以填入庭院中其他位置的土或者农田土，并在其中混入一些腐叶土。注意此时可以将左右两侧的枝条修剪成同一高度，这样第二年的树形会十分美观。

之后如果再次长出细枝，要尽早用铲子从根部斩断。若是从树枝间冒出的新枝，则要尽早从深处剪断，使枝条维持在15~20根，并加以精心照料。想要让株型优美，应尽量不要让枝条过于分散。

早春，白色的小花会盛放于珍珠绣线菊的枝头。长至一定高度后会不断横向扩张。

Point 伞形整枝也别有乐趣。

另一种将植株修剪成伞形的方法，也别有一番乐趣。从大棵的珍珠绣线菊中挖出 2~3 根最为高挑的枝条，将它们栽种到一起。枝条既可修剪为同一高度，也可以修剪出 10cm 的高度差。之后枝头会长出细枝，而从枝条中部或根部萌发的枝芽则要尽快剪除。

盛开粉色可爱小花的珍珠绣线菊栽培种——‘藤野粉’。花蕾为深粉色，随着开花逐渐变白。

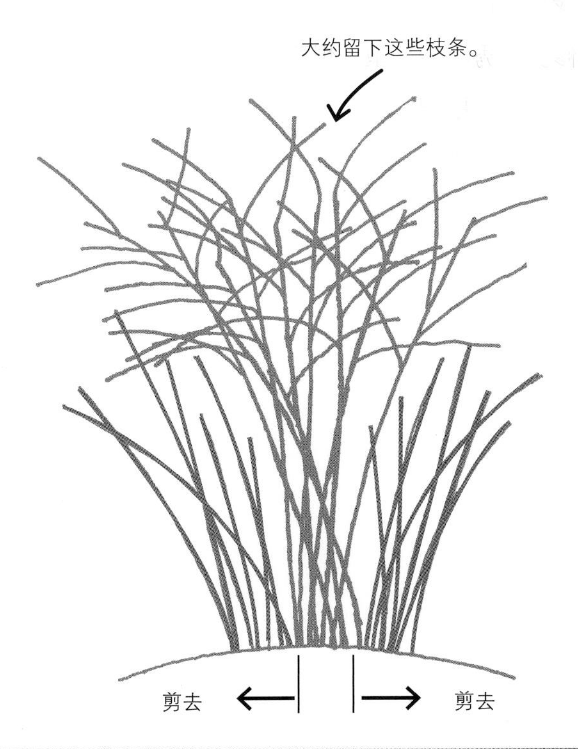

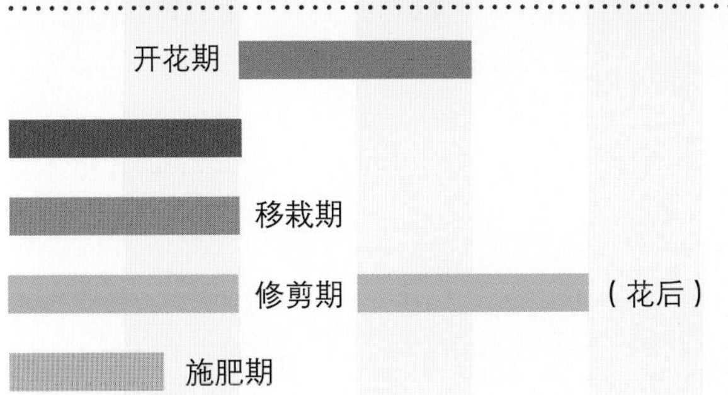

Q 如何使夹竹桃小巧一些?

A 10 月中旬进行缩剪或疏枝。

近年来,一些庭院树种和绿化树种被敬而远之,比如夹竹桃、山茶、茶梅等。夹竹桃是因其有毒,山茶与茶梅则是因为常受茶毒蛾幼虫侵害。好不容易养出了健康的植物并让它开出了漂亮的花朵,若是因为这些原因轻易将其砍断实在令人心痛。

日本的山茶与茶梅闻名世界,从江户时代开始就有许多品种传至海外。而夹竹桃被广植于世界热带地区,是装点夏日的极佳花朵。

若对夹竹桃进行强剪,则再度长出的长枝上很难开出花朵。建议在花期过后的 10 月中旬立即缩剪,趁树枝尚未长长之前控制住其生长态势。或者不修剪,仅靠疏枝(将混杂的树枝剪除)减少树枝数量,控制植株高度。此外,夹竹桃即使在贫瘠的土壤中也能茁壮生长,所以将其种植在日照与排水良好的偏干燥环境中,有助于控制树高。

绽放着粉色花朵的夹竹桃,也有深粉色与红色品种。生命力旺盛且长速快,不加修剪的话株型会越加硕大。

Point 夹竹桃也有较矮小的品种。

夹竹桃树叶中含有欧夹竹桃苷和欧夹竹桃苷乙等强心苷成分，树皮中也含有剧毒的成分，将枝叶入口咀嚼十分危险，但仅用手触碰没有问题。欧美培育出了许多矮小品种，花色丰富并适合盆栽。

夹竹桃在废气污染较严重的环境中也能正常生长，因此常被种植在高速公路两侧。图为夹竹桃的白花品种，从初夏开始整季盛开，开花期较长。

夹竹桃的修剪

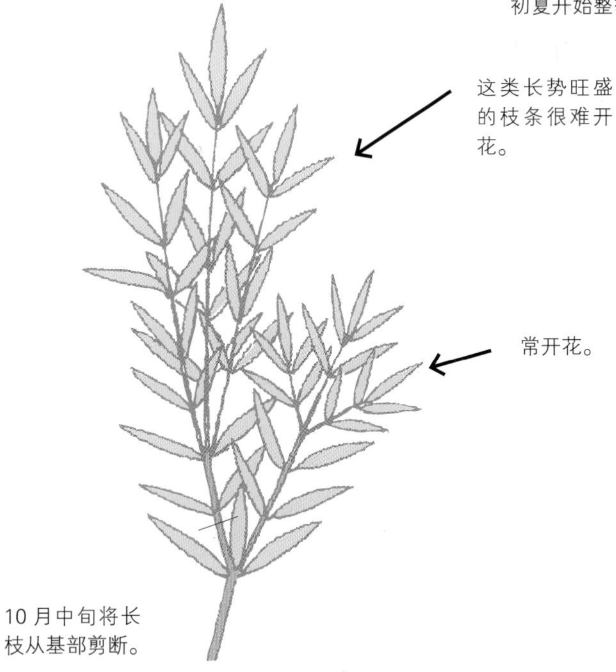

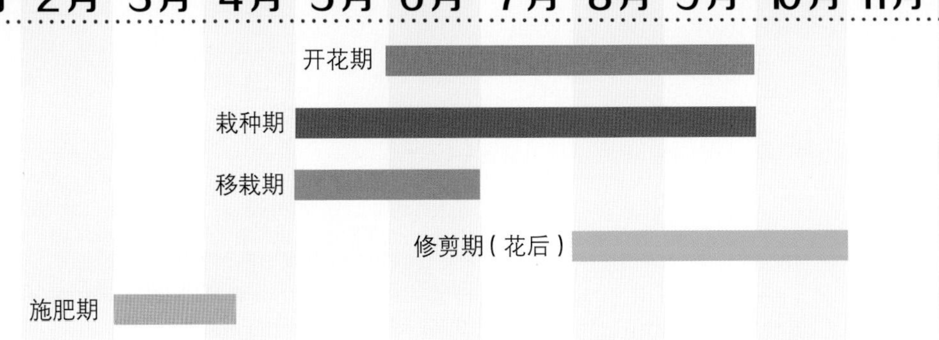

Q 如何保持木槿株型精巧?

A 用花盆种植，并修剪成圆形或伞形。

木槿，锦葵科木槿属，落叶灌木。耐酷暑，亦耐严寒，生命力顽强。虽是朝开夕落的“一日花”，但是花期较长，可持续至秋季。耐修剪，可用作绿篱。花色丰富，既有单瓣花，也有重瓣花。

木槿品种多样，以扦插或嫁接方式繁育的植株，可以和母本开出完全相同的花朵。如通过种子繁殖，则可以低成本获取大量新苗，不过仅有 5%~10% 的花朵与母本相同，其他的则在花形、大小、花色上与母本存在差异。因此实生繁殖很适合用以培育新品种，或反过来说，很不适合用来繁殖相同花朵的苗木。

养护方面较简单，无须修剪，只需将其放在日照良好之处，注意土壤不宜过干以防损伤叶片。若将花盆直接放置于地面，2 个月左右根系就会从底孔探出扎入地中，所以可以将其摆放在托盘上，能有效抑制根部生长。

花瓣带有斑锦的木槿‘米哈尼’。叶片边缘有奶油色的鲜明斑纹。

白色的大型花‘戴安娜’。

Point 每年 3 月中旬缩剪枝条。

修剪或移植应在每年 3 月的春分前后进行。若种植在庭院中，枝条可充分伸展，树干也会十分粗壮；若种植在花盆中，则方便移动，且株型较为小巧。修剪方式可分为头状整枝和伞形整枝。木槿于春季长出的新枝上开花，所以枝条的缩剪应在每年 3 月中旬进行。而移栽应在同一期间隔年进行，将从盆中挖出的根团表面稍做清理，移栽后充分施肥。同时要注意驱除蚜虫与介壳虫等害虫。

宗旦木槿，花瓣白色，花心为深紫红色。木槿花自枝干下方逐渐向上开放。

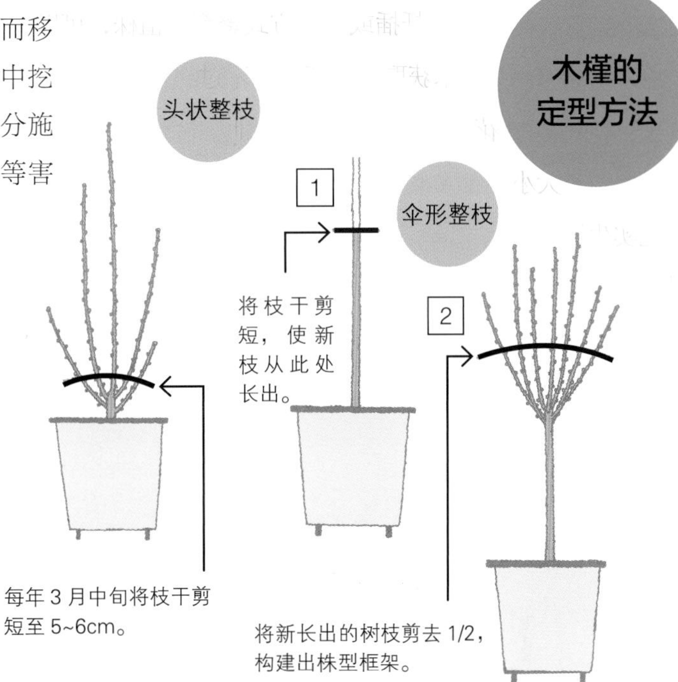

花色粉嫩的品种。

●木槿的栽培日历

	1月	2月	3月	4月	5月	6月	7月	8月	9月	10月	11月	12月
开花期						■	■	■	■			
栽种期			■	■								
移栽期			■	■								
修剪期	■	■	■									■
施肥期	■	■				■				■		

Q 如何处理刺槐的根蘖?

A 只能不厌其烦地将新长出的根蘖除去。

刺槐，原产于北美的豆科落叶乔木，生命力旺盛。在日本，花为红色的栽培种已有较长历史，而时隔很久出现的新栽培种‘莺歌’也因金黄色的树叶而广受欢迎。刺槐刚刚引至日本时，市面上多为以刺槐作为砧木的嫁接苗，现在多以根部为砧木或用埋根法来育苗。由于刺槐是根部含有根瘤菌（将大气中的氮素作为养料提供给宿主的土壤微生物）的豆科植物，即使在其他树木难以存活的地方如布满石头的河床等地，刺槐也能顽强生长。

常生根蘖这一点让人较为苦恼，但除了不厌其烦地将其拔除也别无他法。刺槐的根系不会扎得过深，但延伸得较为宽广。拔根时即便只在土中留下 10~20cm 长的根，之后也会继续萌芽随后长出 1cm 左右的新苗。因此稍不留神，根蘖就会如同“忍者”一般再次冒出，最好的办法就是每 2~3 年将其彻底挖出。

刺槐‘莺歌’种植在庭院中效果很好。明亮的黄绿色叶片与身后的绿色树丛互相映衬。

刺槐‘莺歌’嫩叶的颜色更加夺目，新梢的顶端泛着金黄色。

Point 除草剂虽有效果，但可能导致周围植物枯死。

或许有些人不太想使用强力除草剂，但当枝叶破土而出之时，如果向其枝叶喷洒药剂，可以有效地使土壤中的根系一并枯萎。不过，植物根系经常互相交缠，很容易导致其他植物也同时枯萎，所以若周围有重要植物时，应谨慎使用除草剂。

‘莺歌’也同样需要耐心地不断拔除根蘖，如果不想受其所扰，可以选择不直接种在地里，而是用15~20号(直径45~60cm)的轻质塑料盆栽培。

与低矮的草花一起种植，更能衬托出其优美的叶色。

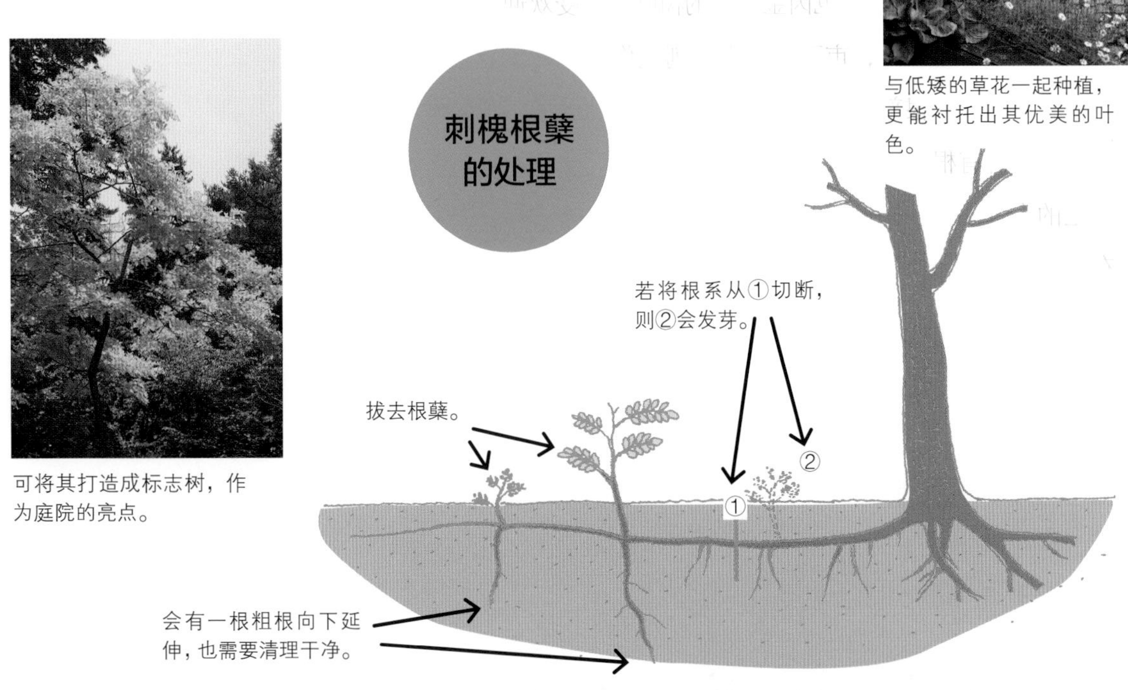

可将其打造成标志树，作为庭院的亮点。

●刺槐的栽培日历

	1月	2月	3月	4月	5月	6月	7月	8月	9月	10月	11月	12月
开花期					■	■						
赏叶期				■	■	■	■	■	■	■		
栽种期	■	■										■
移栽期	■	■										
修剪期	■	■										■
施肥期								■	■			

Q 如何使穗花牡荆的株型更为利落?

A 只留下约 3 根树枝，其他全部从根部剪断。

牡荆包括原产于中国的牡荆（落叶灌木或大灌木），原产于南欧与西亚的穗花牡荆（灌木或大灌木）、黄荆，分布于南亚及澳大利亚的园艺品种蔓荆。其中种植最为广泛的是穗花牡荆。

想要让穗花牡荆的株型变得利落，可以说既难又简单。因为需要修剪掉从地面长出的庞杂枝条，可园丁往往会在看到树枝及侧枝顶端的蓝紫色小花时，舍不得将枝条轻易清理掉。

想要株型利落，就要从繁多的树枝中选出 3 根精心照料，其余全部从分生处修剪干净。穗花牡荆生长过程中常会发不定芽，也要及时剪去。在宽阔处任其生长，一年左右就会长得相当之大，想要保持利落的株型需要颇费些心力。

穗花牡荆‘蓝色狄德利’比其他品种的株型更利落，花穗较小。花为蓝紫色，有芳香，从初夏至夏末持续开花。

Point 盆栽更容易保持利落姿态。

另一种方法是将穗花牡荆种植在 8~10 号（直径 24~30cm）的塑料花盆中。这样更有利于打造出利落的株型，但要谨防根部从花盆底孔钻入地面。另外，为避免植株缺肥要充分施肥，并且需要隔年更换花盆。

除了富有清凉感的蓝紫色花朵，整棵植物都会散发怡人的香气，这也是穗花牡荆的魅力所在。

穗花牡荆的整枝

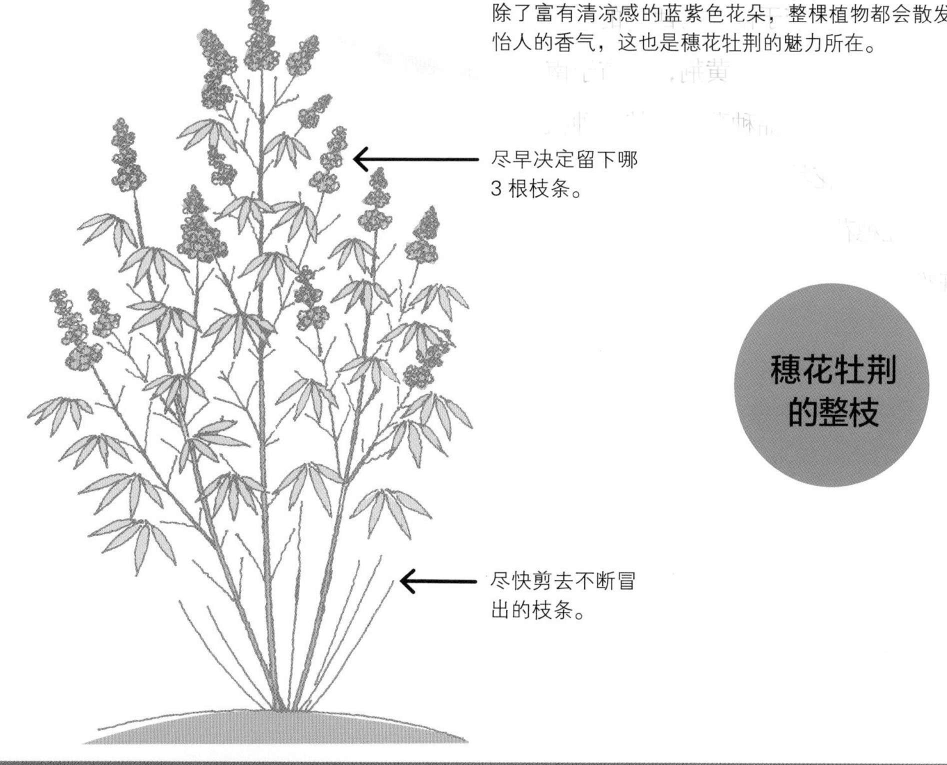

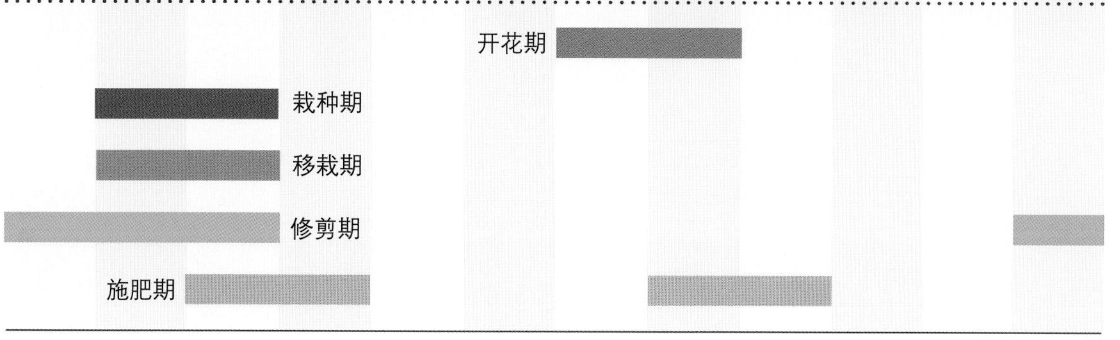